石化行业水污染全过程控制技术丛书

合成材料生产废水污染全过程控制技术与实践

周岳溪　宋玉栋 等　著

科 学 出 版 社

北 京

内 容 简 介

本书结合现场及文献调研结果，以合成材料生产子行业为对象，按照“源头减量—过程资源化减排—末端处理”的水污染全过程控制的技术理念，对水污染控制技术进行系统梳理总结，主要介绍废水污染全过程控制的内涵与实施驱动力、合成材料生产废水特征与污染控制需求、污染全过程控制技术总体情况以及典型合成材料生产装置废水污染全过程控制的技术研发与应用实践，旨在为合成材料生产废水污染全过程控制提供技术指导和案例借鉴。

本书可供从事化工行业清洁生产及废水污染控制的工程技术人员、科研人员和管理人员参考，也可作为高等学校环境工程、化学工程及相关专业师生教学参考书。

图书在版编目（CIP）数据

合成材料生产废水污染全过程控制技术与实践/周岳溪等著. —北京：科学出版社，2023.6

（石化行业水污染全过程控制技术丛书）

ISBN 978-7-03-075589-6

Ⅰ. ①合… Ⅱ. ①周… Ⅲ. ①合成材料-工业废水处理 Ⅳ. ①X703

中国国家版本馆 CIP 数据核字（2023）第 089782 号

责任编辑：郭允允　李　洁 / 责任校对：郝甜甜
责任印制：吴兆东 / 封面设计：图阅盛世

科学出版社出版
北京东黄城根北街 16 号
邮政编码：100717
http://www.sciencep.com
北京建宏印刷有限公司 印刷
科学出版社发行　各地新华书店经销
*
2023 年 6 月第 一 版　开本：720×1000　1/16
2023 年11月第二次印刷　印张：10 1/4
字数：200 000

定价：128.00 元

（如有印装质量问题，我社负责调换）

《合成材料生产废水污染全过程控制技术与实践》

主要作者

周岳溪　宋玉栋　陆书来　张春宇　蒋进元

李　杰　何绪文　赖　波　郑盛之　吴昌永

沈志强　席宏波　于　茵　李江利　戴景富

李志民　孙春福　陈　明　宋振彪　刘　姜

刘发强　陈明辉　李　平　张文秀　徐延生

王亚娥　梁冬梅　许吉现　王建兵　付丽亚

黄　琪　马继力　张　辉　于万权　姜　山

李福勤

丛 书 序

水是生存之本、文明之源，是社会系统与自然系统间的重要纽带，既是人类生产生活过程的重要资源，也是污染物排放的重要去向。伴随着“十一五”以来水体污染控制与治理科技重大专项（简称水专项）等国家重大科研项目的实施，我国水污染控制理论与技术不断发展，逐渐从传统末端治理模式向污染全过程控制模式转变，污染治理更加精准、科学、绿色、低碳，水资源利用效率进一步提高，水环境质量进一步改善，水生态系统进一步恢复。

石油化工行业是我国国民经济基础性和支柱性产业、化学品生产和使用的主要行业、用水排水和用能耗能的重点行业。近年来该行业生产链延长、产品种类增加、生产规模大型化、炼化一体化等发展特征明显，产生的废水具有排放量较大、污染物种类较多、有毒污染物浓度较高、环境风险高、资源化潜力大等特点，水污染治理与管理难度较大，因此石油化工行业一直是流域水污染治理和水生态环境风险防控的重点行业，也是碳排放削减和有毒污染物治理的重点行业。

水污染控制是中国环境科学研究院的重点研究领域之一，本人长期担任该领域的学术带头人，三十多年来一直从事工业废水、城乡污水污染控制工程技术研究和成果的推广应用，相继承担了多项国家科研项目，特别是国家水专项的项目，开展了石化等重污染行业废水污染全过程控制技术的研究与应用，取得了很好的社会效益、经济效益和环境效益。本套丛书以重点石化、化工装置和炼化一体化大型石化化工园区（企业）为对象，按照“源头减量-过程资源化减排-末端处理”的水污染全过程控制理念，对石化行业废水来源与特征、污染全过程控制理念与技术进行了系统阐述；重点围绕石化废水污染物解析、炼油化工废水污染全过程控制、合成材料生产废水污染全过程、石化综合污水处理和工业园区废水污染全过程控制主题进行分册专题阐述。本套丛书的内容以国家水专项研究成果为主，并充分吸纳了国内外水污染控制技术的最新成果。

本套丛书内容翔实，实用性强，借鉴意义大。相信其出版将进一步推动污染全过程控制理念在我国的推广实施，进一步提高科学治污、精准治污水平，助力石化行业绿色、低碳、高质量发展。

在本套丛书的出版过程中，得到了许多前辈的指导；中国环境科学研究院、国家水专项办公室、吉林省水专项办公室和示范工程实施单位领导的大力支持；同时得到了科学出版社的大力支持；项目（或课题）的所有参与者付出了大量辛勤的劳动，在此谨呈谢意。

周岳溪
中国环境科学研究院研究员
2023 年 5 月

前　言

合成材料是石化行业的重要产品类型，是国民经济的重要生产原料。合成材料生产装置工艺流程长，原料、助剂种类多，废水产生量大，组成复杂且有毒及难降解污染物浓度高，其废水污染控制影响因素多，难度大，成本高，急需开展污染全过程控制。

作者团队自“十一五”至“十三五”相继负责承担了国家水体污染控制与治理科技重大专项（简称水专项）“松花江重污染行业有毒有机物减排关键技术及工程示范”（2008ZX07207-004）、“松花江石化行业有毒有机物全过程控制关键技术与设备”（2012ZX07201-005）和“石化行业水污染全过程控制技术集成与工程实证”（2017ZX07402002）等课题。本书以合成材料生产子行业为对象，基于生产工艺和废水排放特征，针对水污染控制的关键环节，按照“源头减量—过程资源化减排—末端处理”的水污染全过程控制理念，对废水来源与特征、污染防治要求和技术进展进行系统阐述。本书分为 5 章：第 1 章为废水污染全过程控制概述；第 2 章为合成材料生产废水特征与污染全过程控制需求；第 3 章为合成材料生产废水污染全过程控制技术概述；第 4 章为 ABS 树脂生产废水污染全过程控制；第 5 章为腈纶生产废水污染全过程控制。

本书撰写分工如下：第 1 章由周岳溪、宋玉栋、席宏波、于茵、吴昌永、沈志强等撰写；第 2 章由宋玉栋、席宏波、于茵、周岳溪等撰写；第 3 章由宋玉栋、席宏波、于茵、周岳溪等撰写；第 4 章由宋玉栋、张春宇、陆书来、刘姜、赖波、郑盛之、何绪文、沈志强、吴昌永、孙春福、陈明、刘发强、李江利、戴景富、李志民、宋振彪、许吉现、李福勤、张辉、于万权、姜山、付丽亚、黄琪、周岳溪等撰写；第 5 章由蒋进元、宋玉栋、李杰、陈明辉、李平、沈志强、张文秀、徐延生、何绪文、王建兵、王亚娥、梁冬梅、马继力、周岳溪等撰写。

全书由宋玉栋统稿、周岳溪修改并定稿。

本书的撰写和出版得到了“松花江石化行业有毒有机物全过程控制关键技术与设备”（2012ZX07201-005）课题的资助；得到了水专项办公室、中国环境科学研究院领导等的支持；得到了陈为民、彭力、周献慧等石化行业专家的指导。水专项课题组研究生赖波、郑盛之、张红、常风民、刘利、王俊钧、李勇、王国威、王永杰、庞翠翠、秦红科、窦连峰、李大群、廉雨、徐少阳、王烨、张炳虎、刘诗一、段妮妮、任艳、庞维聪、王然、朱跃、罗会龙、罗梦、李志丽、汪素珍、任静、高蕊、高旭、孙莉婷、孙永峰、白巧霞、刘艳敏、李少飞、刘娜、田超男、魏志勇、张冰、程琳、王雄、张艳梅、白廷洲、谭彪、白帆、方自磊、李焱、门坤阔、彭勃、石靖靖、张晓航等参与了文献调研、研究试验、数据整理、图表绘制和文字编辑等工作，科学出版社对本书出版给予了大力支持，在此谨呈谢意。

限于作者知识与水平，加之时间紧迫，难免存在不足和疏漏之处，恳请读者不吝指正。

作　者

2022年1月

目　录

第1章　废水污染全过程控制概述

1.1　废水污染全过程控制的内涵

废水污染全过程控制是在废水产生、混合、输送、处理、回用或排放的整个过程中，综合采用源头减量、过程资源化减排和末端处理等措施，实现废水污染物经济高效减排（周岳溪等，2011）。废水污染全过程控制是与末端处理相对的一种污染控制模式，包含园区和装置两个层面（图1-1）。

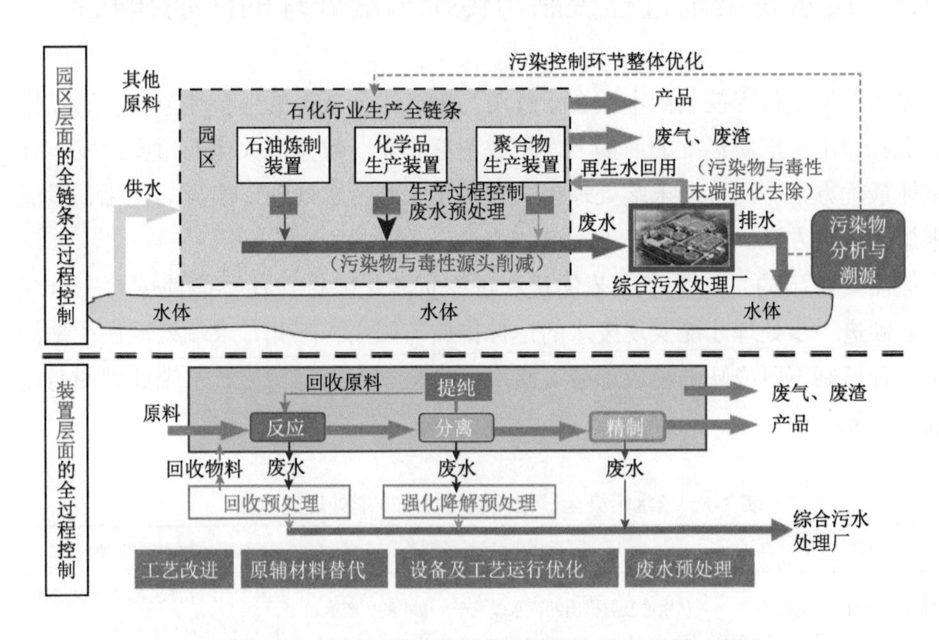

图1-1　园区和装置层面废水污染全过程控制示意图

园区层面的废水污染全过程控制，以排放废水的生产装置为源头，以废水混合、预处理等为过程，以综合污水处理厂为末端。该层面以园区废水污染控制系统整体优化为主要目标，根据废水组成、特性及产排特征，识别园区废水污染控制关键生产装置及污染物；按照废水分质治理的理念，根据各类减排措施的技术经济性能，针对不同水质废水采取不同的污染物减排策略。在此基础上，统筹协调并充分发挥企业装置源头减量、过程资源化减排和综合污水处理厂末端处理等各环节的减排能力，从而提高污染控制效率，降低污染控制成本。

装置层面的废水污染全过程控制，以装置生产过程为源头，以资源化回收、废水混合为过程，以废水处理为末端。该层面以实现装置废水污染物经济高效减排为主要目标，通过工艺改进、原辅材料替代、设备及工艺运行优化等源头减量措施减少生产过程中的污染物产生量；通过废水有用物料回用或循环利用、高浓度有机废水能源回收、高毒性废水脱毒等废水过程资源化减排措施减少装置的污染物排放量；通过不同节点废水的分质处理提高污染控制的技术经济性能；通过对源头减量、过程资源化减排和末端处理环节的整体优化，降低整个装置的污染控制成本。

1.2　废水污染全过程控制与传统末端处理的区别和联系

废水污染全过程控制的本质在于针对污染产生和减排的各个环节，在满足排放标准和回用水水质标准的前提下，从成本最小化、效益最大化的角度出发，寻求整体最优方案。而传统末端处理模式着眼于末端污水处理厂本身的优化，只能寻求局部最优方案。

但需要指出的是，生产工艺优化和过程资源化减排往往不能使废水完全减排，必须进一步处理才能实现废水的达标排放与回用，因此，末端处理往往是污染全过程控制不可或缺的组成部分。废水污染全过程控制与传统末端处理的对比如表 1-1 所示。

表 1-1　废水污染全过程控制与传统末端处理的对比

对比内容	废水污染全过程控制	传统末端处理
污染控制措施的实施对象	从生产装置排出的废水以及产生废水的生产单元	从生产装置排出的废水或多套生产装置的混合废水
污染控制措施涉及的过程	生产过程和废水处理与资源化过程	废水处理过程
污染控制采用的技术手段	产品生产相关工艺技术以及废水处理与资源化相关技术	废水处理相关技术
污染控制优化目标	在废水达标排放或回用的前提下，废水污染控制的综合成本最低或综合收益最大	在废水达标排放的前提下，废水处理成本最低
污染控制优化范围	生产过程和废水收集处理过程	废水处理过程

续表

对比内容	废水污染全过程控制	传统末端处理
对废水特征的了解程度	尽可能详细了解各节点废水的水质水量特征，除 COD 等综合性水质指标外，特别关注可回收、有毒及难降解污染物	主要关注末端处理设施进水水量及综合性水质指标
对废水冲击负荷的应对措施	工艺优化，减小冲击负荷频次和强度，或对产生冲击负荷废水进行分质处理或设置调节池	设置停留时间较长的调节池
对废水高浓度有毒污染物的应对措施	生产过程优化，减少有毒污染物排放，或对废水进行脱毒预处理	生物处理反应器构型改进、出水回流比等工艺条件优化
对废水高浓度污染物的去除	资源回收优先，辅以末端处理	末端处理为主
对不同水质废水的处理模式	分质处理优先	混合处理
废水回用模式	综合污水深度处理回用与生产装置废水就地处理回用相结合，高端回用、梯级利用和就地处理回用相结合	综合污水经深度处理后进行回用
出水水质稳定性	稳定性高	易受冲击负荷影响，稳定性差
污染控制成本	较低	较高

1.3　废水污染全过程控制的实施驱动力

废水污染控制目标提高和末端处理成本增加是实施废水污染全过程控制的根本驱动力。近年来，随着一系列行业排放标准的颁布、实施以及废水再生利用需求的增加，废水治理目标日益提高；随着控制污染物排放许可制（简称排污许可制）的实施和《中华人民共和国水污染防治法》的修订，企业治污主体责任更加明确，对企业违法排污的惩罚力度加大。为保证排水稳定达标，企业增加了环保投入，废水污染得到有效控制，但由于仍以末端处理为主，污染控制成本较高。此外，随着工业企业退城进园，工业集聚区逐渐成为我国工业企业的主要布局位置。根据《中国开发区审核公告目录》（2018 年版），国务院批准设立的开发区达 552 家，省级政府批准设立的开发区达 1991 家。由于园区综合污水处理厂进水组成更加复杂，稳定达标难度更大，废水污染全过程控制已成为新时期提高我国废水污染防治水平的客观要求。

1.3.1　企业治污压力增大

一方面，工业行业排放标准近年来不断提高。以石化行业为例，2015 年，《石油炼制工业污染物排放标准》（GB 31570—2015）、《石油化学工业污染物排放标准》（GB 31571—2015）、《合成树脂工业污染物排放标准》（GB 31572—2015）等专门针对石化行业的废水排放标准颁布、实施。首先，排放标准限值较原来执行的《污水综合排放标准》（GB 8978—1996）更加严格。例如，许多企业执行《污水综合排放标准》（GB 8978—1996）二级排放标准，即化学需氧量（chemical oxygen demand，COD）120 mg/L、石油类 10 mg/L；新标准要求达到 COD 60 mg/L、石油类 5 mg/L，而“在国土开发密度已经较高、环境承载能力开始减弱，或水环境容量较小、生态环境脆弱，容易发生严重水环境污染问题而需要采取特别保护措施的地区，应严格控制企业的污染排放行为”，排放标准执行 COD 50 mg/L、石油类 3 mg/L 的特别排放限值。其次，新标准还提出了需要控制的废水中特征污染物的种类及排放浓度限值，要求对含有铅、铬、砷、镍、汞和镉的废水在车间或生产设施进行预处理；给出了生产单位产量合成树脂以及加工单位原油的基准排水量，实际排水量超过基准排水量或超过生产设施环保验收确定的水量时需将实测水污染物浓度换算为基准排水量排放浓度，再与排放限值比较判定是否达标。要求废水混合处理时，需执行排放标准中最严格的排放限值。基准排水量也有显著下降。例如，《污水综合排放标准》（GB 8978—1996）中炼油废水基准排放量为 1.0～2.5 m^3/t 原油，而新标准为 0.4～0.5 m^3/t 原油，这将在很大程度上强制企业进行节水和废水循环利用。

另一方面，2016 年我国发布了《控制污染物排放许可制实施方案》，标志着排污许可制正式在全国范围内实施。排污许可制逐渐成为工业企业等固定排放源生态环境管理的核心制度，是污染集中控制制度、“三同时”制度、环境影响评价制度、总量控制制度以及相关环境质量标准和排放标准的直接落脚点，同时为环境保护责任制、限期治理制度提供实施依据，为排污权使用和交易、总量考核、环境统计、信息公开、公众参与及环境保护税的征收提供依据（图 1-2）。

实施排污许可制落实了企事业单位污染物排放总量控制要求，逐步实现由行政区域污染物排放总量控制向企事业单位污染物排放总量控制转变。排污许可是企事业单位生产运营期排污的法律依据，为通过环境质量标准倒逼企业排放标准提供了可能。在环境质量不达标区域，可加严许可排放量，对企事业单位实施更为严格的污染物排放总量控制，从而推动环境质量改善。因此，企业治污压力进一步增大，环境质量不达标区域的企业，治污压力更大。

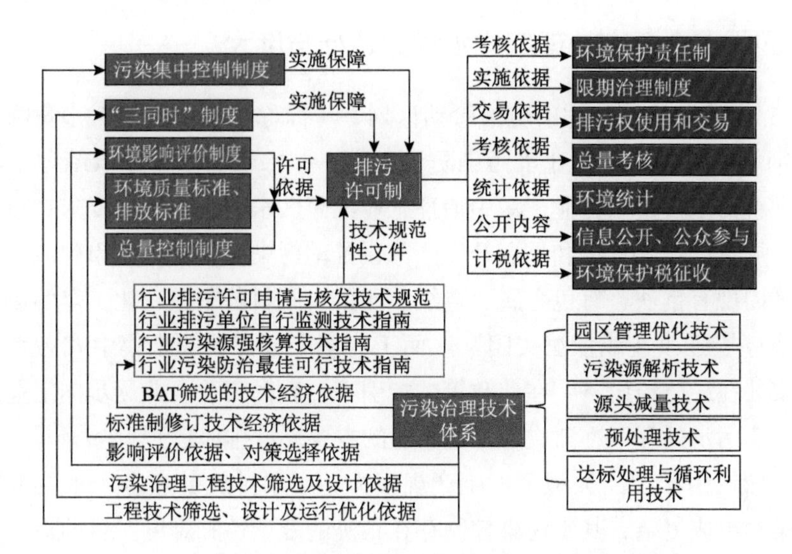

图1-2　排污许可制在现行生态环境管理制度中的地位

2017年修订的《中华人民共和国水污染防治法》对工业污染防治也提出了明确要求，严格控制工业污染；排放水污染物，不得超过国家或者地方规定的水污染物排放标准和重点水污染物排放总量控制指标；禁止企业事业单位和其他生产经营者无排污许可证或者违反排污许可证的规定向水体排放前款规定的废水、污水；排放前款规定名录中所列有毒有害水污染物的企业事业单位和其他生产经营者，应当对排污口和周边环境进行监测，评估环境风险，排查环境安全隐患，并公开有毒有害水污染物信息，采取有效措施防范环境风险；含有毒有害水污染物的工业废水应当分类收集和处理，不得稀释排放。违法成本进一步提高，有无证排污、超标排污、偷排行为的企业由县级以上人民政府环境保护主管部门责令改正或者责令限制生产、停产整治，并处十万元以上一百万元以下的罚款；情节严重的，报经有批准权的人民政府批准，责令停业、关闭。因此，环保对企业生存具有一票否决权，直接关系企业生存发展。向污水集中处理设施排放工业废水的，应当按照国家有关规定进行预处理，达到集中处理设施处理工艺要求后方可排放，企业应当采用原材料利用效率高、污染物排放量少的清洁工艺，并加强管理，减少水污染物的产生。对企业废水污染治理的监管要求不再局限于末端达标排放，已经延伸到生产工艺和废水预处理等环节。

1.3.2 园区综合污水处理厂排水稳定达标难度大

2015 年发布的《水污染防治行动计划》（简称“水十条”）是我国水污染防治的纲领性文件。在工业水污染防治方面，“水十条”要求取缔“十小”企业，专项整治十大重点行业，集中治理工业集聚区水污染。明确要求“重大项目原则上布局在优化开发区和重点开发区”，推动污染企业退出城市建成区，“城市建成区内现有钢铁、有色金属、造纸、印染、原料药制造、化工等污染较重的企业应有序搬迁改造或依法关闭”。而工业集聚区必须建立集中式污水处理设施，并安装在线监控设备。在此政策的指引下，我国工业企业逐步向工业园区聚集，集中式污水处理厂逐渐成为工业企业的主要环境排放口。

工业园区由于产品类型多、生产规模大、废水排放节点多、水质特性差异大、污染物组成复杂，其水污染控制存在很高的复杂性和难度。目前对工业园区多套装置共存条件下废水处理系统优化的研究相对缺乏，污染物控制尚未达到最优状态，减排成本高、减排效率有限。特别是多种废水混合后，部分难降解有毒有机物被大量稀释，废水中污染物种类多、浓度低，其降解微生物难驯化、去除效率差。另外，园区部分高污染物浓度或高排放量的废水水质波动大，造成园区综合污水处理厂进水水质波动较大，易对园区综合污水处理厂的运行产生冲击，影响园区排水稳定达标。

因此，为保障园区排水稳定达标，必须保证综合污水处理厂进水水质的稳定性，削减园区各类冲击负荷。一方面，必须对园区内各节点废水污染物组成及废水生物抑制性进行系统的监测和分析，全面掌握各节点废水及污染物的排放特征，识别影响园区综合污水处理厂排水稳定达标的关键污染物、废水和生产装置；另一方面，要对园区污水处理系统进行各个环节的整体优化和局部关键环节的重点优化，发挥系统合力，确保排水稳定达标。

1.3.3 废水末端处理成本高

在传统末端处理模式下，随着污染物排放标准的提高，通常需要增加建设投资对原有的废水处理设施进行升级改造，增加药剂和能量消耗，增加污染治理成本，去除单位污染物的治理成本将大幅增加。部分企业废水深度处理单元每升仅去除几十毫克的 COD，而其处理成本与前端每升去除几百毫克 COD 的生物处理单元的成本相近。污染物治理成本的增加将导致企业利润空间的压缩，甚至直接关系到企业的竞争力。而要改变这一情况，必须在末端处理的基础上，开展污染全过程控制，综合通过源头减量、废水资源回收、预处理等方式，降低进水中难降解及有毒有害污染物含量，减小末端处理的污染负荷，以提高末端处理系统的效率，从整体上降低废水污染控制综合成本。

1.3.4　废水治理碳排放降低潜力大

污染治理策略直接影响废水治理过程的碳排放水平。以石化高浓度有机废水为例，如果能在生产过程中通过提高生产效率减少有用物料的流失量和副产物的生成量，废水处理的能量和药剂投入将减少，废水处理过程的碳排放水平将降低；产品收率提高，单位产品的碳排放水平将下降。在废水预处理过程中，选择资源、能源回收技术，将进一步降低废水处理成本，并将废水中的污染物转化为能源和材料。

1.4　废水污染全过程控制的技术措施及其优先级排序

废水污染全过程控制的技术措施包括生产工艺源头减量、废水预处理、废水生物处理和废水深度处理等，其优先级排序为生产工艺源头减量、废水分离回收资源化、废水强化降解预处理、废水生物处理和废水深度处理。具体如表 1-2 所示。

表 1-2　废水污染全过程控制的技术措施（优先级排序从高到低）

技术措施	定义
生产工艺源头减量	能够在废水处理环节之前减少某种污染物进入废水的任何措施
废水分离回收资源化	通过废水预处理将废水中的可分离物料进行分离，然后作为原工艺或另一生产工艺的原料或进行进一步处置
废水强化降解预处理	通过化学或生物降解去除废水中有毒、难降解或高浓度的污染物
废水生物处理	通过生物降解实现废水中可生物降解污染物的去除
废水深度处理	废水生物处理出水进一步处理以达到排放或回用要求

1.4.1　生产工艺源头减量

生产工艺源头减量的最佳途径是不产生废水。应对生产工艺过程进行评估，并确定能否在废水预处理前采取以下措施减少废水产生量，包括运行管理改善、工艺技术改造、原料替代、废水的工艺内回用等。

1. 运行管理改善

厂区管理和预防性维护措施可用较低的成本减少废水的产生。这些措施包括防止高浓度物料废液排入废水中、废水分流、化学品使用优化、防泄漏措施、采用静态漂洗或避免超范围清洗以减小废水体积等。

2. 工艺技术改造

工艺技术改造措施包括先进工艺替代（高转化率工艺、无水工艺、低排水工艺等）、工艺路线改进、设备控制优化和工艺控制的现代化等。例如，采用乙醛酸法香兰素生产工艺替代亚硝化生产工艺（魏国峰等，2011），采用甘油法环氧氯丙烷生产工艺替代丙烯氯化法生产工艺，废水污染物产生量均大幅降低。又如，在石油炼制过程中采用加氢精制替代碱洗精制工艺，可防止炼油碱渣的产生。

3. 原料替代

原料替代通常包括采用无毒或低毒原料替代高毒原料、采用低挥发溶剂替代易挥发溶剂，或采用可生物降解的原料替代不可生物降解的原料等。某些替代方案可通过相对廉价的试验获得，而如果涉及化学反应中催化剂或溶剂的替代，通常需要开展大量的研究工作。

4. 废水的工艺内回用

例如，在清洗操作中获得的高浓度清洗废水，有时可循环作为下一步生产单元的原料。低污染水可作为其他工段用水，如用作废气洗涤水等。在石油炼制过程中产生的含硫含氨酸性水经汽提塔回收氨和硫化氢后，可作为原油电脱盐用水，二级电脱盐排水可作为一级电脱盐注水，从而实现废水的工艺内回用。

1.4.2　废水预处理

某些工业废水在排入园区综合污水处理厂前需要进行预处理，以去除其中有毒及难降解的污染物，防止其对污水收集系统产生不利影响，以及防止其干扰或穿透园区综合污水处理厂，或影响污泥处理处置。

选择什么样的预处理技术——物理的、化学的还是生物的——取决于废水的特性、要满足的预处理要求以及未来生产变化对废水特性的影响。物理预处理技术主要用于去除可拦截固体、可沉降固体和可浮除油类等。化学预处理技术通常用于去除溶解性物质和胶体物质，包括营养盐、重金属及其他类似污染物。生物预处理技术用于去除可生物降解有机物和营养盐。废水预处理技术按照污染物去除方式可分为废水分离回收资源化和废水强化降解预处理。

1. 废水分离回收资源化

当废水中含有可回收物料时，首先对废水中的物料进行分离回收，然后再进行其他处理。一方面，可防止物料浪费，另一方面可采用较低的成本实现污染物的去除。此外，还可防止可分离回收污染物（通常为油类、聚合物、有毒有机物等）对下游生物处理单元的影响。沉降、隔油、萃取等技术的运行成本与废水中污染物浓度关系较小，在去除高浓度污染物时，去除单位污染物的运行成本较低，具有一定的优势。例如，石油炼制含油污水进行生物处理前，需先通过隔油-气浮实现石油类的分离回收；苯酚丙酮装置含酚废水在生物处理前，需先通过萃取实现废水中苯酚的萃取回收；树脂、橡胶废水进行生物处理前，常需要进行混凝气浮预处理，以去除废水中的高浓度难降解有机聚合物。

2. 废水强化降解预处理

当废水污染物无回收价值（分离回收难度偏大、成本偏高，回收物料资源化价值不大或处置成本高），但废水中仍含有影响废水生物处理单元稳定运行的污染物时，宜对废水进行强化降解预处理，通过化学或生物降解去除此类污染物。由于污染物实现氧化或还原降解均需投加与污染物去除量相匹配的氧化剂或还原剂，曝气或药剂成本通常与废水中相应污染物浓度呈正相关关系。因此，应优先采用能够实现有毒或难降解污染物选择性去除的技术，以降低废水的预处理成本。例如，甲苯二异氰酸酯（TDI）生产废水在生物处理前采用微电解和芬顿（Fenton）氧化进行预处理，以去除废水中的硝基苯类和苯胺类有毒污染物（夏晨娇等，2016）。

1.4.3 废水生物处理

废水生物处理是去除废水中低浓度有机物和氮最为经济的技术手段，相对较为成熟。但由于石化等工业废水污染物组成复杂，其污染物浓度较城市生活污水高，特别是含有有毒有机物，或废水碳源不足，需针对废水水质特征选择和研发适宜的废水生物处理技术。

1.4.4 废水深度处理

由于工业废水组成复杂，即使经过源头减量、工艺内和工艺外的回用、废水预处理及生物处理，废水中仍可能含有较高浓度的污染物。一方面，工业废水排放标准日益严格，生物处理出水往往达不到排放标准要求，需进行深度处理。另一方面，随着水资源短缺压力的加大，废水再生利用已成为企业发展的客观要求，在此情景下，需要对废水深度处理，以满足回用水的水质要求（通常较排放标准更为严格）。

1.5 园区层面废水污染全过程控制

在园区废水污染控制层面，生产装置是源头，园区综合污水处理厂是末端，废水预处理是中间过程。因此，要在园区层面开展废水污染全过程控制，必须对生产装置源头、预处理中间过程和综合污水处理厂末端进行协同优化。首先需要开展系统的针对性调查研究，识别问题，以确定控制策略和采用的污染控制措施，具体包括以下步骤。

1.5.1 关键污染物识别

1. 关键污染物的内涵

废水污染全过程控制的关键污染物是指对废水污染控制的工艺选择、技术难度、成本或收益具有决定性影响的污染物，可分以下三类。

1）具有回收价值的污染物

按照废水污染全过程控制理念，对于废水中高浓度、具有应用价值的污染物，应优先考虑生产过程减量或回收处理。这样不仅可提高企业收益，而且可降低后续废水处理的难度和成本。因此，废水中具有回收价值的污染物是废水污染全过程控制的一类关键污染物，如苯酚丙酮废水中的苯酚、ABS 树脂装置废水中的聚合物胶乳及粉料、腈纶废水中的高分子聚合物颗粒等。

2）具有生物抑制性的污染物

生物处理是实现可生物降解污染物降解去除最为经济的工艺路线，因此，生物处理单元通常是有机工业废水处理系统的关键单元之一。生物处理单元主要通过活性污泥或生物膜中微生物的生长代谢实现污染物的降解去除。因而，废水中含有的生物抑制性污染物将对生物处理单元中微生物的生长代谢产生不利影响，进而影响生物处理单元的处理负荷、运行成本和运行稳定性，最终还将影响后续废水深度处理单元的运行稳定性，影响达标排放和废水回用。因此，废水中具有生物抑制性的污染物是废水污染全过程控制的一类关键污染物，如丙烯酸丁酯废水中的丙烯酸、丙烯酸生产废水中的甲醛等。

3）生物处理出水超标污染物

随着废水排放标准不断提高，生物处理出水往往无法满足废水排放标准。在水资源短缺或水环境容量较小的区域，企业将通过废水回用减少新鲜水消耗量和废水排放量。废水回用于生产过程的水质要求往往较废水排放标准更加严格。废水深度处理单元的单位污染物削减成本往往远高于源头减量、废水预处理和生物处理。生物处理出水超标污染物直接影响废水深度处理的工艺路线、技术难度和运行成本，因此是废水污染全过程控制的一类关键污染物。例如，腈纶废水生物处理出水 COD 高达300 mg/L左右，其中相当一部分为腈纶低聚物，因此腈纶低聚物是腈纶废水污染全过程控制的关键污染物。

2. 关键污染物识别的必要性

工业生产过程复杂，生产单元多、排水节点多，生产过程中使用的助剂种类多，导致工业废水污染物种类多、形态多样、去除特性差异大。以合成材料生产废水为例，废水中既有低分子量的单体、助剂，又有高分子量的产品聚合物；既有溶解性污染物，又有聚合物胶乳、粉料等悬浮性污染物；既有难挥发的盐类，又有易挥发的单体。在此情景下，如果缺少对废水关键污染物的清晰认识，污染控制策略的确定以及工艺路线和单元技术的选择将具有很大的盲目性。因此，关键污染物的识别是下一步确定废水污染控制环节、选择工艺技术的基础。

在传统的废水末端处理模式下，废水处理工艺选择往往以化学需氧量、总有机碳等综合性水质指标为基础，缺乏对废水组成的详细解析，导致废水处理工艺选择存在盲目性。一方面，废水中具有回收价值的原料、中间产品和产品组分被作为普通污染物降解，不仅浪费资源，而且会产生处理成本；另一方面，废水中高浓度有毒及难降解污染物未得到针对性的有效控制，其直接排入以生物处理单元为主体的综合污水处理厂，产生冲击负荷，造成处理出水水质稳定达标困难。

因此，要开展工业废水的污染全过程控制，必须首先对废水产生过程和水质特征进行全面解析，并识别废水污染控制的关键污染物及其来源。

3. 关键污染物的识别步骤

关键污染物的识别步骤包括废水组成解析、具有回收价值的污染物识别、具有生物抑制性的污染物识别和生物处理出水超标污染物识别等。

1）废水组成解析

关键污染物不仅取决于污染物的化学组成，还直接受到污染物在废水中浓度水平的影响。只有当污染物浓度足够高时才具有回收价值，才可能对生物处理单元产生明显的生物抑制作用，对废水达标排放和回用产生影响。因此，要识别关键污染物，应首先对废水中污染物的种类和浓度水平进行分析。

由于工业废水组成复杂，其解析应综合采用多种分析手段，既应包含针对挥发性、半挥发性有机物的气相色谱-质谱等常用的废水污染物分析方法，又应包含针对特征官能团的化学分析方法、光谱分析方法等。例如，可采用亚硫酸氢钠法对乙醛生产废水中的醛类物质进行分析，采用三维荧光法对ABS树脂生产废水中芳香族有机物含量进行跟踪。由于许多污染物难以完全定性，因此可通过超滤分离、凝胶色谱等将废水中污染物分成不同的分子量组分，通过树脂分离方式将污染物分为不同的亲、疏水组分和酸、碱性组分，然后再对各组分组成分别进行分析。例如，可通过超滤分离对腈纶废水生物处理出水中聚合物的浓度进行分析。由于工业生产装置排放废水中的污染物主要为进入废水的原料、产品及反应副产物等，因此，废水组成解析应结合生产工艺所用原料、助剂和生产产品的组成与特性，结合废水的产生过程，从而起到事半功倍的效果。例如，汽提塔塔顶凝液废水、真空凝液废水污染物往往以挥发性、半挥发性污染物为主，而塔釜废水往往含有盐等难挥发组分。

2）具有回收价值的污染物识别

在废水组成解析的基础上，对废水中浓度较高的污染物进行回收价值分析。

优先考虑废水中原料、产品组分回收后回用于生产装置的可能性，然后考虑高浓度副产物生产副产品的可能性。具有上述可能性的污染物作为废水中具有回收价值的污染物。例如，回收苯酚丙酮装置废水中的苯酚可提高产品收率；回收丙烯酸丁酯废水中的丙烯酸和丁醇可提高原料利用率。

3）具有生物抑制性的污染物识别

首先，根据所采用的废水生物处理工艺类型，选择不同的废水生物抑制性指标，分析废水总体的生物抑制性。如果废水总体的生物抑制性较低，说明废水的生物抑制性不是废水污染控制的限制因素，不必开展进一步工作。如果废水总体的生物抑制性较高，则有必要进一步识别贡献废水生物抑制性的主要污染物。

然后，针对生物抑制性较高的废水，结合废水组成解析结果，确定潜在的生物抑制性污染物。采用污染物标准样品进行生物抑制性试验，根据试验结果评价该污染物对废水生物抑制性的贡献率，贡献率较大的污染物作为废水中具有生物抑制性的关键污染物。例如，丙烯酸废水生物抑制性较强，进一步分析发现该废水乙酸含量较高，但主要抑制性物质为甲醛、丙烯醛和丙烯酸，它们是该废水的关键污染物。

4）生物处理出水超标污染物识别

以废水生物处理模拟试验装置出水或已有的废水生物处理工程出水为研究对象，通过生物处理出水水质分析结果与排放标准或回用水质标准对比，超过标准限值的污染物为生物处理出水超标污染物。当出水含高浓度难生物降解有机物时（COD浓度超出标准且BOD_5 / COD较低），还需对生物处理出水有机物组成进行系统分析，以确定废水中难生物降解有机物的种类或类别。腈纶废水生物处理出水COD浓度高达250～350 mg/L，超过《石油化学工业污染物排放标准》（GB 31571—2015）COD排放限值（100 mg/L），因此，COD是生物处理出水超标污染物。有机物分子量分布等研究结果表明，COD主要由低分子量聚合物贡献。

1.5.2　关键装置识别

在确定关键污染物后，对关键污染物的排放来源进行分析，园区中关键污染物排放量大的装置为关键装置。例如，在某生产腈纶和黏胶纤维的化纤园区，生物处理出水COD浓度高，难降解COD主要来自腈纶装置，腈纶装置为该园区的关键装置。

1.5.3 装置废水污染全过程控制

针对识别出的关键装置，开展污染物的源头减量及废水预处理，从而大幅削减进入园区综合污水处理厂的关键污染物量。具体措施详见1.5.4节。

1.5.4 园区废水污染控制系统整体优化

以生产装置、废水预处理设施和园区综合污水处理厂为对象，以园区综合污水处理厂出水水质稳定达到排放标准或回用水水质要求为边界条件，以废水污染控制综合成本最小化或收益最大化为目标，对生产装置源头减量、废水预处理设施和园区综合污水处理厂的污染物削减程度进行统筹优化，以获得污染物在各减排环节的优化控制目标，形成园区污染物全过程控制优化策略。例如，对于ABS树脂生产废水的处理，如果园区综合污水处理厂处理能力充足，则只需对废水进行混凝气浮预处理去除聚合物胶乳粉料，即可排入园区综合污水处理厂进行进一步的处理，从而降低投资和运行费用；如果园区综合污水处理厂能力不足，则需单独建设生物预处理设施，防止对综合污水处理厂产生冲击；如果园区污水整体碳源充足，但缺少氮源，则ABS树脂生产废水经生物处理去除大部分有机物后（不脱氮）即可排入园区综合污水处理厂处理；如果园区碳源不足，氮源充足，则ABS树脂生产废水宜充分脱氮后再排入园区综合污水处理厂进行处理。

1.6 装置层面废水污染全过程控制

1.6.1 关键环节的确定

针对识别出的废水污染全过程控制关键污染物，分析污染物进入废水的过程及影响因素，结合各工艺单元特性和污染物削减目标，确定实现关键污染物削减的主要环节，作为废水污染全过程控制的关键环节。例如，苯酚丙酮装置废水的关键污染物为苯酚，主要减排环节为含酚废水萃取，则含酚废水萃取是苯酚丙酮装置废水污染全过程控制的关键环节。

1.6.2 技术筛选与研发

根据确定的关键环节、关键污染物及其控制要求，按照经济技术可行的原则，筛选合适的污染控制技术。在此基础上，结合废水水质特性，对所选择的污染控制技术进行工艺参数优化和二次研发，从而提高技术应用的技术经济性能。例如，萃取是常用的废水苯酚萃取技术，但将萃取技术用于苯酚丙酮装置废水中苯酚的回收时，萃取剂的选择和工艺条件的优化设计，还需考虑回收苯酚如何回到苯酚丙酮装置生产工艺，如何减少回收苯酚中其他组分对现有生产工艺的影响，如何耐受装置废水污染物浓度的变化。

1.6.3　关键技术实施与运行优化

在技术筛选和研发基础上，建立废水污染控制设施，并与生产工艺协同运行，在此基础上，根据污染物削减效果和技术运行成本，对污染控制设施的运行参数进行优化。

第 2 章　合成材料生产废水特征与污染全过程控制需求

2.1　合成材料的定义与分类

本书的合成材料主要指以聚合物单体为原料，通过聚合反应人工合成生产的聚合物，可分为合成树脂、合成橡胶、合成纤维等。

聚合物是指由许多相同的、简单的结构单元通过共价键重复连接而成的高分子量化合物。例如，聚丙烯腈分子是由许多丙烯腈结构单元—$CH_2CH(CN)$—重复连接而成的，因此，—$CH_2CH(CN)$—又称为结构单元或链节，聚合物分子中的结构单元数称为聚合度。能够形成结构单元的小分子化合物称为单体，它是合成聚合物的主要原料。聚合度很低（1～100）的聚合物称为低聚物，分子量很高（10^4～10^6）的聚合物称为高分子聚合物，如塑料、橡胶、纤维等。

按分子链结构，聚合物可分为具有线型结构的线型聚合物、具有分枝结构（侧链）的分枝聚合物和存在链与链交联结构的交联聚合物。按照单体组成，聚合物可分为由同一种单体组成的均聚物以及由不同种单体组成的共聚物。按照来源，聚合物可分为三类：①动植物生长形成的天然聚合物，如羊毛、丝、木材、棉花等；②经过化学修饰的天然聚合物，即半合成聚合物，如酪素塑料、纤维素塑料等；③以大宗有机化学品为原料，通过聚合反应生产的人工合成聚合物，即本书所述合成材料。

2016 年，我国合成树脂、合成橡胶和合成纤维等合成材料总产量为 1.3 亿 t，其中，合成树脂以聚乙烯（1485 万 t/a）、聚丙烯（1850 万 t/a）、聚苯乙烯（668 万 t/a）、聚氯乙烯（1659 万 t/a）、ABS 树脂（288 万 t/a）和聚酯树脂（3650 万 t/a）为主；合成橡胶以丁苯橡胶（114 万 t/a）、顺丁橡胶（84.4 万 t/a）、乙丙橡胶（13.1 万 t/a）为主；合成纤维以涤纶（2920 万 t/a）、腈纶（70.2 万 t/a）

等为主[①]。

2.2　合成材料生产工艺与废水特征

2.2.1　聚合反应

按照聚合原理，聚合反应可分为链增长反应、缩聚反应和逐步加聚反应，它们具有不同的特性（欧盟委员会联合研究中心，2016）。

1. 链增长反应

链增长反应是单体分子不饱和键打开并在单体分子间进行重复多次的加成反应，把许多单体连接起来，形成长链大分子的过程（图2-1），整个反应进程一般可分为链引发、链增长和链终止三个阶段。链增长反应是最重要的聚合反应过程，常用于生产聚乙烯（PE）、聚丙烯（PP）、聚苯乙烯（PS）、ABS树脂、丁苯橡胶、腈纶等产品。

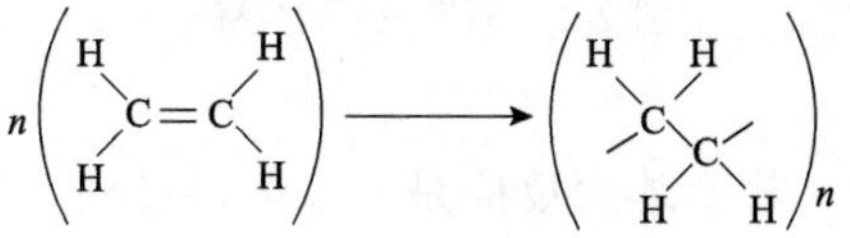

图 2-1　链增长反应示意图（以乙烯聚合为例）

链增长反应非常迅速，可在几秒或几分钟内完成。因此，几乎是从反应一开始，体系中即已存在完全形成的大分子。然而，达到很高的单体转化率所需总时间常常是几小时。

根据反应引发方式，链增长反应分为自由基聚合和离子聚合两种。

自由基聚合是通过自由基引发反应，并使自由基链不断增长。通常采用过硫酸盐等引发剂的受热分解或亚铁-过氧化物等二组分引发剂的氧化还原分解反应产生自由基，也可采用紫外线辐照、高能辐照、电解和等离子体引发等方法产生自由基。

① 中国化工经济技术发展中心. 2018. 中国石油和化工大宗产品年度报告（2017 年版）.

离子聚合是一种或几种单体在催化剂的作用下，按离子型活性中心反应聚合成高分子化合物的过程，按链增长活性中心离子的性质，可分为阴离子聚合和阳离子聚合。阴离子聚合以碱金属及其有机化合物等亲核试剂为催化剂，阳离子聚合以Lewis酸等亲电试剂为催化剂。现代离子聚合催化剂效率很高，以至于在大多数应用中不需要从产品中去除催化剂残留组分。例如，1 g 催化剂可生产200 t以上的最终产品，即产品中催化剂的残余浓度仅几ppb①。

2. 缩聚反应

缩聚反应是一种或几种含有两个以上官能团的单体聚合并产生低分子量副产物（如水、氯化氢等）的反应。例如，以二元醇和二元酸为单体生产聚酯，以二元胺和二元酸为单体生产聚酰胺等。缩聚反应的示意图如图2-2所示。

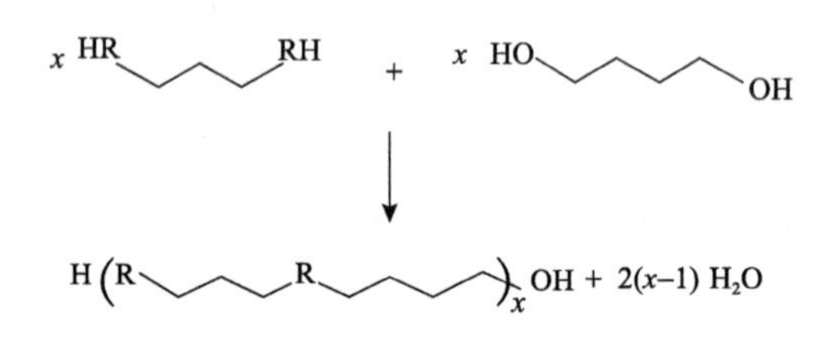

图 2-2　缩聚反应示意图

同大多数化学反应一样，缩聚反应是一个可逆过程。只有及时去除低分子量副产物，才能获得高聚合度。缩聚工艺常通过加热和高真空去除副产物，直至反应结束。随着反应介质黏度的增加，副产物的去除会越来越困难。有时需在固相阶段进行加热后处理，以进一步提高产品分子量。

缩聚反应属于“逐步聚合反应”，逐步由单体生长为二聚体、三聚体，直到反应结束且转化率很高时，才达到较高的聚合度。因此，缩聚产物的聚合度通常低于链增长聚合，为1000～10000。

3. 逐步加聚反应

逐步加聚反应同链增长反应类似，通过单体分子内反应环或反应基团打开并反复加成而形成大分子（图2-3），而动力学过程与缩聚反应相同，随着反应时

① 1ppb=10^{-9}。

间的延长，聚合物的分子量逐步增大；形成的聚合物结构酷似缩聚物，且无低分子量副产物生成。

$$x\,\mathrm{R}\left(\overset{\mathrm{A}}{\wedge}\right) \longrightarrow \left[\overset{\mathrm{R}}{\mathrm{C}}-\mathrm{C}-\mathrm{A}\right]_x$$

图 2-3　逐步加聚反应示意图

2.2.2　合成材料生产工艺

合成材料的通用生产工艺流程如图2-4所示，通常包含配制、聚合反应、聚合物分离、聚合物加工成型等单元。流程的输入包括单体、助剂、溶剂及能量和水，输出包括产品、废气、废水和固体废物。

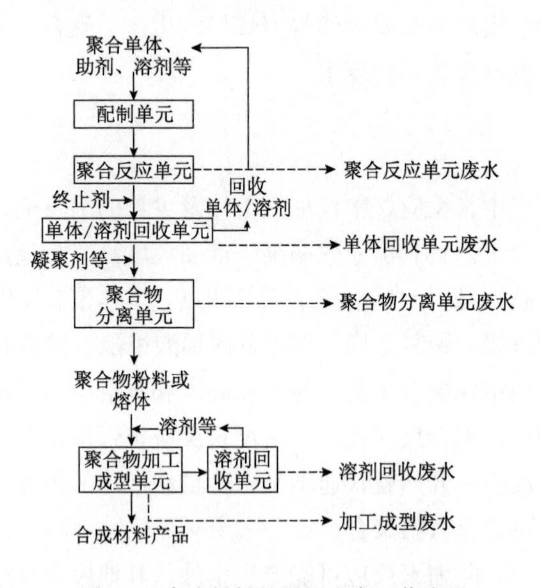

图 2-4　合成材料的通用生产工艺流程

配制单元：用于所需反应组分的混合过程，特别是满足特定质量要求的单体和助剂。可能包括均质、乳化或气液混合过程，有些单体在进行配制之前还需进行额外的精馏纯化。

聚合反应单元：单体在引发剂、溶剂等的作用下在聚合反应釜中发生聚合反应，生成产品聚合物。

聚合物分离单元：对聚合反应单元产生的产品聚合物进行分离浓缩和纯化，

以满足聚合物产品的纯度要求，通常采用热分离、化学凝聚和机械分离等单元操作。聚合物中的残余单体和溶剂在该单元被分离、回收或处置，用于聚合物处理和保护的添加剂可在该单元投加。

聚合物加工成型单元：将聚合物分离单元获得的高纯度聚合物通过混炼、造粒等过程转化为用户需要的合成材料产品，如颗粒、纤维、胶片等。

常用的聚合工艺包括气相聚合、本体聚合、溶液聚合、悬浮聚合和乳液聚合等，各自的工艺过程和特点如下（欧盟委员会联合研究中心，2016）。

1. 气相聚合

在气相聚合工艺中，单体以气相形式引入，并与沉积在固相结构上的催化剂接触反应。气相聚合过程易于去除反应热量，废物产生量和排放量小，不需要溶剂。气相聚合工艺大部分单元操作需采用高压设备，投资成本相对较高。目前，气相聚合工艺仅用于聚乙烯和聚丙烯等聚烯烃的生产。聚合反应单元没有水与反应物料直接接触，也不排放工艺废水。

2. 本体聚合

在本体聚合工艺中，反应釜中仅加入单体及少量的引发剂，聚合反应发生在单体内部。本体聚合工艺具有反应效率高、产品纯度高、分离成本低等优点，同时具有反应液黏度高、易引起反应釜结垢等缺点。本体聚合工艺生产的典型产品包括聚烯烃、聚苯乙烯、聚氯乙烯、聚甲基丙烯酸甲酯、聚酰胺和聚酯等。

缩聚反应常采用本体聚合工艺，通常在高温和真空条件下进行，以及时将水等低分子量副产物排出聚合反应体系。链增长反应也可采用本体聚合工艺，但由于聚合度和黏度从反应一开始就快速增加，热量和泡沫的传导可能存在问题，仅限于小规模生产，更适合低温聚合。

本体聚合工艺中，除缩聚反应可能产生水外，其他聚合反应过程中都不使用水，也不产生反应水，因此聚合反应单元和聚合物分离单元均不排放工艺废水。

3. 溶液聚合

在溶液聚合工艺中，聚合反应发生在采用某种溶剂的单体溶液中，聚合体系主要包含单体、引发剂和溶剂。溶剂可帮助分散热量并防止反应混合物黏度的快速升高。因此，溶液聚合工艺具有反应热转移效果好、分散黏度低、反应釜壁结垢少等优点，同时存在产品聚合物分离成本高、溶剂使用量大且最终产品含微量溶剂等缺点。溶液聚合工艺常用于生产聚乙烯醇、溶液聚合丁苯橡胶、顺丁橡胶、三元乙丙橡胶和聚乙烯等。

溶液聚合工艺通常采用有机溶剂，反应体系中不含水，且主要采用链增长反应或逐步加聚反应，不产生反应水，因此，该工艺的聚合反应单元和聚合物分离单元均不排放工艺废水。

4. 悬浮聚合

在悬浮聚合工艺中，聚合反应发生在悬浮态单体液滴内。悬浮聚合工艺通常以水为反应介质和悬浮剂，反应热传递效果好、分散黏度低、分离成本低，同时具有废水量较大、釜壁结垢明显、悬浮剂在最终产品和废物流中有残留等缺点。悬浮聚合工艺常用于生产聚氯乙烯、聚甲基丙烯酸甲酯、聚四氟乙烯、高抗冲聚苯乙烯、发泡聚苯乙烯和腈纶等。悬浮聚合粒子的粒径范围通常为1～1000 μm。

悬浮聚合反应体系包含单体、引发剂、悬浮剂（通常为水）和表面活性剂。单体和引发剂都不溶于悬浮剂（水），如苯乙烯和过氧化苯甲酰。因此，单体分散成液滴（与乳液聚合类似），引发剂存在于单体液滴中（而不是在水相中）。表面活性剂的作用是稳定液滴，但在水相中不形成胶束。聚合反应中心完全位于单体液滴内部。因此，这种聚合就像一个个局限于单体液滴中的本体聚合。由于悬浮相可传导出聚合反应产生的大部分热量，因此与本体聚合相比，热传导问题得到极大的缓解。

由于悬浮聚合体系中悬浮剂通常为水，水与单体、助剂和聚合物直接接触，聚合反应单元和聚合物分离单元会排放大量高浓度废水。因此，悬浮聚合是工艺废水产生量较大的聚合工艺。

5. 乳液聚合

在乳液聚合工艺中，聚合反应主要发生在被称为胶束的乳液结构中。乳液聚合工艺具有分散黏度低、传热效果好、转化率高、适合生产高分子量聚合物等优点，同时具有分离成本高、反应釜壁易结垢、乳化剂在产品和废物中有残留等缺点。乳液聚合工艺生产的典型产品包括ABS树脂、聚氯乙烯、聚四氟乙烯、乳液聚合丁苯橡胶、丁腈橡胶、聚乙烯醇、聚甲基丙烯酸甲酯和聚丙烯酸酯等。

乳液聚合产生的胶乳颗粒粒径范围为0.03～1 μm。聚合反应体系包含单体、引发剂、悬浮剂（通常为水）和乳化剂（通常为阴离子表面活性剂，如歧化松香酸钾等）。单体在悬浮剂中的溶解度通常较低，反应开始前大部分单体存在于单体液滴中。乳化剂的作用之一是吸附在单体液滴/水界面稳定液滴。大部分乳化剂在水中以胶束形式存在，部分单体也会溶解在胶束中。因此，单体实际上是分布在三个区域：单体液滴、水相（少量）和胶束。

由于引发剂主要存在于水相，因此聚合反应的初始位置在水相，即水相中的单体首先聚合。随着聚合反应的进行，水相单体聚合生成的寡聚自由基链将逐渐合并，进入乳化剂形成的胶束中。由于胶束数量远多于单体液滴，且聚合反应的主要位置为胶束，因此胶束中溶解的单体开始聚合。随着胶束中聚合反应的进行，胶乳颗粒逐渐形成并不断生长，单体逐步由单体液滴被转移到胶束，直到液滴和水相中的所有单体都耗尽。颗粒的最终大小受单体投加量和胶束数量控制。

由于乳液聚合体系通常以水为悬浮剂，且水与单体、助剂和聚合物直接接触，聚合反应单元和聚合物分离单元会排放大量高浓度废水。因此，乳液聚合是废水产生量较大的聚合工艺。

综上所述，在采用链增长反应机理的气相聚合、本体聚合和溶液聚合工艺中，反应体系不涉及水，生产废水主要为聚合物加工成型阶段的冷却水，废水污染物浓度较低，且经适当处理后可循环利用，污染治理难度较小；而在以水为介质的悬浮聚合和乳液聚合工艺中，水与反应物料直接接触，导致废水中污染物浓度较高，治理难度较大。因此，悬浮聚合、乳液聚合的废水产生量通常较大，污染物浓度较高，且含有单体、助剂、中间产物等多种组分，组成复杂，是水污染控制的重点和难点。此外，本体缩聚工艺也会产生含有单体和反应副产物的高浓度废水，是污染控制的重点。

2.2.3　合成材料生产废水特征

1. 悬浮聚合

悬浮聚合工艺的工艺废水主要来自聚合反应单元和聚合物分离单元。

1）聚合反应单元废水

对于间歇悬浮聚合工艺（如悬浮聚合聚氯乙烯），聚合反应单元废水主要为反应釜清洗废水。每批聚合反应完成后，为防止上一批反应的残液对下一批反应造成影响，在加入下一批反应物料前需要对反应釜进行清洗。该清洗废水中含有残余单体、助剂、副产物和产品聚合物，水量较小但污染物浓度较高。

2）聚合物分离单元废水

由于悬浮聚合获得的聚合物颗粒粒径较大，产品分离常采用水洗过滤工艺。水洗过滤废水包含聚合母液及水洗过滤单元的聚合物洗涤废水。因此，该废水水量较大，且组成复杂。

2. 乳液聚合

乳液聚合的工艺废水主要来自聚合反应单元和聚合物分离单元。

1）聚合反应单元废水

乳液聚合反应单元的废水主要包括聚合反应釜的清洗废水和胶乳过滤器清洗废水。

一方面，在乳液聚合反应过程中，局部胶乳颗粒由于乳化剂补充不及时等会失稳破乳，与其他破乳颗粒聚结形成大颗粒，即凝固物。由于凝固物颗粒粒径较大，且通常具有一定的黏度，易在反应器内的固体表面黏附，因此，反应釜内壁、换热器和搅拌器表面都会黏附凝固物。反应釜壁和换热器表面的凝固物会影响反应釜的换热效果，进而影响釜内温度的控制精度，影响反应效率和产品质量；搅拌器表面的凝固物会影响釜内的混合搅拌效果，进而影响不同批次产品性能指标的均一性；此外，釜内凝固物还会对下一批的聚合反应产生影响，必须定期对反应釜进行清洗和清理。因此，间歇聚合反应釜通常每批都要进行清洗，消除釜内黏附的胶乳和部分凝固物；连续聚合反应釜需定期清理釜内凝固物，从而保证反应釜的换热效果。在反应釜的清洗和清理过程中都会产生含有聚合物胶乳和凝固物的废水。

另一方面，由于部分凝固物会残留在聚合胶乳中，为防止凝固物对产品质量的影响，通常需要用筛网对聚合胶乳进行过滤。随着过滤过程的进行，凝固物逐渐在过滤器中积累，造成过滤阻力逐渐增大。当过滤阻力达到设计值时，就需要对过滤器进行清洗，在此过程中会产生过滤器清洗废水。该废水主要污染物为聚合物胶乳和凝固物。

综上所述，乳液聚合反应单元废水主要污染物为聚合物胶乳和凝固物，其中凝固物颗粒粒径较大，便于用筛网隔离，较易去除，废水处理难点在于聚合物胶乳的去除。该单元废水水量较小，但污染物浓度通常较高。

2）聚合物分离单元废水

乳液聚合工艺的聚合物分离单元通常包含凝聚、清洗过滤、干燥等操作过程。其中，凝聚操作是向聚合物胶乳中加入凝聚剂，使聚合物胶乳颗粒脱稳聚结，形成聚合物粉料；清洗过滤操作是用清洗水对聚合物粉料进行清洗和过滤，从而去除粉料表面及内部黏附的杂质，提高聚合物粉料的纯度；干燥操作是通过流化床等干燥设备对清洗后的粉料进行干燥处理，降低粉料含水量，以便于后续加工成型。因此，聚合物分离单元排水主要为胶乳凝聚母液及清洗过滤过程排放的聚合物清洗废水，水量较大，且组成复杂，主要污染物包括单体、副产物、助剂、流失的聚合物、凝聚剂及其反应产物。

3. 本体缩聚

许多缩聚产品的低分子量副产物为水（如 PET 树脂），聚合反应过程中需要不断将反应产生的水蒸出，然后冷凝成废水排出系统。该冷凝水中可能会含有低分子量原料和有机副产物，而成为高浓度有机废水。例如，PET 树脂生产废水中含有较高浓度的乙醛、乙二醇、二氧六环和 2-甲基-1,3-二氧环戊烷（2-MD），其中，乙二醇为聚合反应原料，乙醛、二氧六环和 2-MD 均为反应副产物。由于该废水以聚合反应生成水为主，因此单位产品的废水量要显著低于悬浮聚合工艺和乳液聚合工艺。

2.3 合成材料生产废水污染全过程控制需求

2.3.1 合成材料生产废水治理难点

1. 合成材料生产废水组成复杂，处理工艺流程长

合成材料生产废水污染物主要为单体及其杂质、生产助剂、聚合反应副产物以及未回收的产品聚合物等。合成材料生产助剂种类较多，包括引发剂、分子量调节剂、聚合终止剂、乳化剂、凝聚剂、单体中的阻聚剂、抗氧化剂等，这些助剂都会或多或少进入废水。聚合反应副产物组成复杂，既包括正常聚合反应的中间产物，如低聚物等，又包括副反应生成的副产物，如 PET 树脂生产废水中的乙醛等污染物。产品聚合物很难做到完全回收，一部分会进入废水。例如，黏附在聚合反应釜壁和搅拌器上的聚合物将进入聚合反应釜清洗废水；胶乳凝聚过程及悬浮聚合过程形成的微粉也会部分穿过水洗过滤单元的滤网或滤布进入废水。

由于废水中不同类型污染物的去除特性通常差异较大，因此需要采用不同的处理技术加以去除。废水中污染物组成越复杂，需要采用的废水处理技术种类越

多，处理工艺流程越长、越复杂。例如，废水中的高分子量聚合物颗粒由于粒径较大可采用过滤技术去除，尺寸较小的低分子量聚合物和黏性较强的聚合物胶乳通常需要采用混凝分离技术去除；废水中的挥发性有机物可采用汽提技术去除和回收；可降解有机物可通过生物处理技术处理，难降解或高毒性有机物常需要采用高级氧化技术去除。

2. 合成材料生产废水有毒有机物含量高，易冲击废水生物处理系统

合成材料生产废水中的有毒有机物多为聚合物单体、副反应产物或生产助剂，如 ABS 树脂生产废水中的丙烯腈、苯乙烯及多种腈副产物，丁苯橡胶生产废水中的苯乙烯、二苄胺，PET 树脂生产废水中的乙醛等均属于有毒有机物。

一方面，合成材料生产废水中的有毒有机物对废水处理标准提出了更高的要求，如 ABS 树脂生产废水中的丙烯腈、苯乙烯等污染物均为石化行业相关污染物排放标准中明确要求控制的污染物，因此要保障出水水质稳定达标，必须要保证废水中的有毒有机物得到稳定、有效的去除。

另一方面，废水中的有毒有机物会增加废水生物处理难度。由于大部分合成材料生产废水中均含有可生物降解有机物，而废水生物处理技术通常是去除废水中可生物降解有机物最经济的处理技术，因此，生物处理单元是几乎所有合成材料生产废水处理工艺的重要组成部分。特别是具有脱氮除磷要求的废水，生物处理系统的稳定运行更加重要。但废水中有毒有机物的含量超过阈值可能对废水生物处理系统产生冲击，影响其稳定运行，进而影响整个企业处理后出水的水质稳定达标。

3. 合成材料生产废水难降解污染物含量高，生物处理出水水质达标难

合成材料生产废水中含有的低分子量及高分子量聚合物与部分助剂和副产物均属于难降解污染物，采用常规的生物处理技术难以有效去除，必须采用相应的物化处理技术才能保证处理后的出水水质稳定达标。例如，腈纶废水中低聚物和高聚物粉料、ABS 树脂生产废水中的聚合物胶乳和粉料、丁苯橡胶废水中的胶乳均属于难生物降解的有机物，给废水的稳定达标带来了较大困难。特别是 2015 年颁布石化行业排放标准以来，难降解有机物对稳定达标的影响进一步凸显。

4. 部分合成材料生产废水氮、磷含量高，脱氮除磷难度大

合成材料生产废水中的氮、磷可能来自聚合物单体。例如，以丙烯腈为单体的 ABS 树脂和腈纶，其生产废水均含有较高浓度的腈，使废水含氮量较高；还

可能来自聚合反应助剂，如腈纶生产过程中，以过硫酸铵为引发剂，过硫酸铵中的氮进入废水使废水含氮量升高，ABS 树脂生产过程中以焦磷酸钾为螯合剂，导致废水中总磷浓度达到 40 mg/L 左右，丁苯橡胶生产过程中，采用磷酸盐作为缓冲体系，废水中总磷浓度达到 60～100 mg/L。

随着环境标准的日益严格，氮、磷指标已列入合成材料生产废水排放标准。例如，《合成树脂工业污染物排放标准》（GB 31572—2015）中要求，在一般情况下，出水排放限值为总氮（TN）40 mg/L、氨氮 8.0 mg/L、总磷（TP）1.0 mg/L；在特殊情况下，出水排放限值为总氮 15 mg/L、氨氮 5 mg/L、总磷 0.5 mg/L。由于合成材料生产废水污染物组成复杂，氮、磷浓度更高，且含有多种有毒有机物，因此氮、磷去除的难度更大。例如，生物处理是最经济的废水脱氮技术，在城镇污水处理中广泛应用。但合成材料生产废水处理过程中，需要将有毒污染物浓度稳定在较低水平才能保证生物处理系统稳定运行，而且由于含氮浓度较高，碱度和碳源的供应也需要专门设计。在城镇污水处理中，生物除磷是较常采用的工艺。在合成材料生产废水处理中，生物处理系统可去除一部分磷，但废水中的碳源通常难以满足达到排放标准的除磷要求，还需要辅以化学除磷。化学除磷需要投加药剂，而且会产生大量污泥，而合成材料生产废水中的有毒有机物和聚合物均可能伴随磷进入沉淀或浮渣，导致除磷污泥中含有大量有毒杂质，无法对除磷污泥进行费用较低的农用处置，常需将其作为危险废物进行成本更高的处理和处置。

2.3.2　合成材料生产废水污染全过程控制的驱动力

合成材料生产废水的水质水量特征与生产过程密切相关，废水污染物主要为单体、生产助剂、聚合反应副产物及未回收的聚合物，因此这类废水污染物减排与提高单体利用率、减少助剂用量、降低反应副产物生成量、提高产品聚合物收率的目标是一致的，通过生产过程优化实现污染源头减量是降低后续废水处理难度和成本、提高生产效率及生产效益的有效途径。因此，开展合成材料生产废水污染全过程控制十分必要，具体体现在以下几方面。

1. 排放标准不断提高，稳定达标难度增大

合成材料生产废水的排放标准在不断提高。2015 年，我国颁布了《合成树脂工业污染物排放标准》（GB 31572—2015），与原来执行的《污水综合排放标准》（GB 8978—1996）相比，排放标准更加严格，COD 等浓度限值大幅下

降，而且对丙烯腈、苯乙烯、苯酚、双酚 A、甲醛、乙醛、丙烯酸等特征有机物提出了明确的控制限值，对向环境容量较小、生态环境脆弱、易发生严重水环境污染问题的区域排水的企业还须执行水污染物特别排放限值。

同时，《控制污染物排放许可制实施方案》的颁布，为实施更严格的污染控制要求提供了可能。生态环境主管部门可根据当地水生态环境质量改善要求倒逼企业排放标准，制定严于行业排放标准的排放限值。

此外，随着城乡居民生活水平不断提升，产业规模不断扩大，我国水资源短缺形势日益严峻，废水深度处理回用已成为未来废水治理的重要方向。而废水回用的水质要求较排放标准更为严格，对处理效果稳定性的要求更高。

因此，单纯依靠传统末端处理，已无法满足不断提高的废水处理要求，必须开展污染全过程控制。

2. 污染治理成本增加，企业利润空间下降

按照传统的废水末端处理模式，随着废水处理要求的提高，处理工艺将更加复杂，处理单元更多，废水处理工程的投资和运行成本将大幅增加，削减单位污染物的成本将大幅攀升，企业用于污染控制的成本将明显增加，显著降低企业的利润空间。而采用废水污染全过程控制思路，不仅着眼于废水产生后的末端处理，还着眼于产生废水的产品生产过程，通过生产过程优化，有用物料回收，在源头实现污染物的减排，不仅可减小后续废水处理单元的处理负荷，降低处理成本，改善出水水质，并提高废水处理系统的稳定性，同时还可提高产品收率和原料利用率，增加副产品收益，产生直接的经济效益，最终扩大企业的利润空间。因此，与传统末端处理模式相比，污染全过程控制具有明显的经济优势。

3. 产业规模不断扩大，行业竞争日趋激烈

随着生态环境管理力度的加大，保障废水稳定达标已成为企业生存发展的基本要求，在保证稳定达标的前提下提高企业效益，已成为企业核心竞争力之一。不断提高生产效率，减少废物产生量和污染控制成本，已成为企业提升自身竞争力的重要抓手。因此，开展废水污染全过程控制已成为企业生存发展的客观要求。

综上所述，随着废水处理要求的不断提高，废水处理成本不断增加，企业生存竞争压力不断增大，开展废水污染全过程控制已成为合成材料生产企业的核心竞争力之一。

2.3.3 合成材料生产废水污染全过程控制的意义

1. 降低废水污染治理难度和成本

合成材料生产废水的处理难点在于废水组成复杂且含有多种有毒及难降解有机物，这也是废水处理成本较高的根本原因。因此，通过废水污染全过程控制，对生产过程进行优化，降低有毒及难降解助剂的使用量，提高单体转化率，降低单体向废水中的流失量，提高产品聚合物收率，减少废水中难降解聚合物含量，不仅可降低原料消耗、提高产品收率，带来显著的经济效益，还可显著降低后续废水处理单元的处理负荷，减少有毒污染物对生物处理单元的冲击，减少去除难降解污染物的药耗和能耗，显著降低废水末端处理成本，带来显著的经济收益。

2. 提高生产效率

在开展废水污染全过程控制降低原料和产品流失的同时，将必然提高原料利用率和产品收率，从而实现生产效率的提高。此外，还可通过延长反应釜清釜周期等方式，提高设备的有效使用时间，提升生产能力。

3. 保障出水水质稳定达标

废水处理工艺出水水质波动来自废水水质的波动以及废水处理系统特别是生物处理系统的波动。废水中难降解有机物可穿透废水生物处理系统进入出水，因此，废水难降解污染物浓度的波动通常会造成出水水质波动。废水中的有毒污染物会对废水生物处理系统产生毒性冲击，影响废水生物处理系统的正常运行，从而导致出水水质波动。而通过废水污染全过程控制，将有效减少生产装置排水中污染物浓度的大幅波动，降低进入生物处理系统的有毒及难降解污染物量，从而保证进水条件的稳定性并减小毒性冲击，提高处理出水的稳定性。

第3章　合成材料生产废水污染全过程控制技术概述

通常，生产废水污染来自生产系统和污染治理系统功能的不完善性，通过识别关键污染物和关键控制环节，对缺失的功能进行补充，往往可以起到显著的减排效果。而补充原有系统缺失功能所需的技术不一定是先进的和昂贵的，可能常规技术即可满足要求，甚至只要对运行操作方式进行改变就能达到目的。在许多情况下，制定合理的全过程控制技术策略和路线要比研发关键技术更加重要，而且也只有制定了合理的全过程控制技术策略和路线，所研发的关键技术才能够实施，并达到预期的污染物减排效果。

因此，要实施合成材料生产废水污染全过程控制，首先需要根据废水产排特征、污染物组成和去除特性，结合合成材料生产工艺，确定合理的全过程控制技术路线和策略。然后，在此基础上筛选和开发与生产工艺相匹配的污染全过程控制技术。本章首先介绍全过程控制技术策略和路线的确定过程，然后介绍相关关键技术的进展情况。

3.1　合成材料生产废水污染全过程控制技术策略与路线

3.1.1　全过程控制技术路线制定流程

合成材料生产废水污染全过程控制技术路线制定流程如图 3-1 所示。首先对合成材料生产装置的废水产排特征、污染物组成及特性进行系统分析和调研，进而识别该装置废水污染全过程控制的关键污染物，回答控制什么的问题。结合装置实际情况，根据生产装置和污染控制技术现状，确定各关键污染物的优先控制环节，形成废水污染全过程控制技术策略，回答在哪个环节控制的问题；在此基础上，对各环节控制技术进行研发和筛选，回答如何控制的问题；再按照技术经济可行、整体优化等原则以及出水水质标准确定各环节控制目标，回答控制到什么程度的问题，最终形成该装置的废水污染全过程控制技术路线。

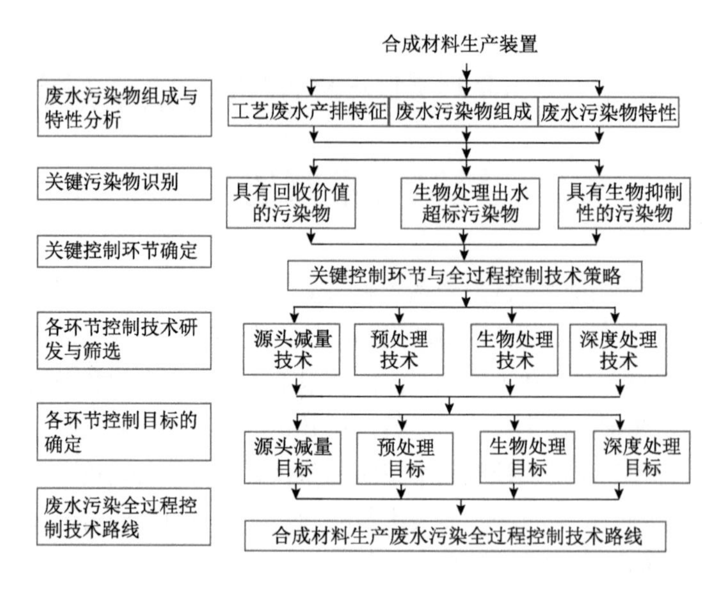

图 3-1　合成材料生产废水污染全过程控制技术路线制定流程

3.1.2　关键污染物的识别

合成材料生产废水关键污染物的识别步骤包括废水组成解析、具有回收价值的污染物识别、具有生物抑制性的污染物识别和生物处理出水超标污染物识别等。

1. 废水组成解析

对合成材料生产废水产排特征进行调查，采集各排水节点水样，综合采用多种分析手段对废水污染物组成进行分析，综合采用废水生物抑制性分析技术和有机物生物降解性分析技术对废水污染物特性进行分析。

2. 具有回收价值的污染物识别

在废水组成解析的基础上，对废水中浓度较高的污染物进行回收利用价值评估。优先考虑废水中单体、产品聚合物回收后回用于生产装置的可能性，然后考虑高浓度副产物生产副产品的可能性。具有上述可能性的污染物作为废水中具有回收价值的污染物。例如，腈纶高分子聚合物粉料是腈纶生产废水中具有回收价值的污染物。

3. 具有生物抑制性的污染物识别

首先，根据所采用的废水生物处理工艺类型，选择不同的废水生物抑制性指标，分析废水总体的生物抑制性。如果废水总体的生物抑制性较高，则结合废水组成解析结果进一步识别贡献废水生物抑制性的主要污染物，即废水中具有生物抑制性的污染物。合成材料生产废水中的生物抑制性污染物多为单体、助剂或反应副产物。例如，副产物乙醛是 PET 树脂生产废水中具有生物抑制性的污染物。

4. 生物处理出水超标污染物识别

以合成材料生产废水生物处理模拟试验装置出水或已有的废水生物处理工程出水为研究对象，通过生物处理出水水质分析结果与排放标准或回用水质标准对比，超过标准限值的污染物指标为生物处理出水超标污染物。当出水 COD 浓度超标时，还需对生物处理出水有机物组成进行系统分析，以确定废水中难生物降解有机物的种类或类别。低分子量及高分子量聚合物是合成材料生产废水中常见的难降解有机物，可对生物处理出水的分子量分布等进行测定，从而为深度处理技术筛选和研发提供依据。例如，腈纶低聚物为腈纶废水生物处理出水水质中的超标污染物。

3.1.3 关键控制环节的确定

所谓关键控制环节，就是实现关键污染物去除的主要环节。关键环节应根据关键污染物的类别、去除特性及其在生产工艺中的产生过程确定。每类关键污染物具有不同的优先控制环节组合（图 3-2）。具有回收价值的污染物应优先考虑通过生产工艺优化实现源头减量，然后才考虑单独设立预处理单元进行分离回收，即在生产环节和废水预处理环节予以去除。具有生物抑制性的污染物要在废水进入生物处理环节之前予以去除，如果同时具有回收价值，应优先考虑源头减量和回收资源化，如果不具有回收价值且不能通过原料替代等源头减量措施去除，应进行强化降解预处理，即在生产环节和废水预处理环节予以去除。生物处理出水超标污染物，应根据污染物特性，优先考虑在生产环节、废水预处理环节和废水生物处理环节予以去除，确实难以去除或去除成本过高的，在废水深度处理环节予以去除。

在关键控制环节确定后，便形成该废水污染全过程控制的技术策略，即全过程控制的关键污染物是什么，其关键控制环节是什么。

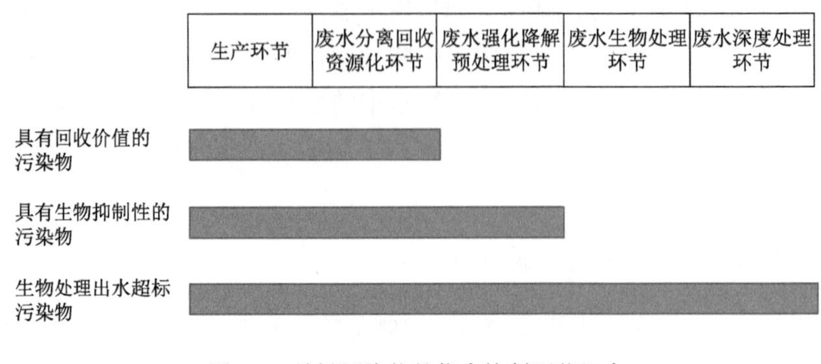

图 3-2　关键污染物的优先控制环节组合

1. 生产环节

在生产环节，可通过对生产过程本身的优化，减少影响废水处理单元运行的难降解及有毒原料使用量，提高聚合反应单元和聚合物分离单元的效率，从而提高单体转化率、产品收率，降低废水排放量以及废水中副产物、单体、产品聚合物和中间产品组分的含量。例如，通过对 ABS 接枝聚合反应釜的优化，延长反应釜清釜周期，实现高胶乳浓度的清釜废水源头减量。

2. 废水分离回收资源化环节

在废水分离回收资源化环节，可通过各种分离技术对废水中的单体、产品聚合物或中间产品进行回收和纯化，从而达到装置内或装置外再利用的品质要求。回收资源化可大幅降低废水中的污染物含量，并提高污染治理的经济效益。例如，采用纤维束过滤截留腈纶废水中的高分子量聚合物，并回用于腈纶生产过程，可提高产品收率，并降低废水处理难度与成本。

3. 废水强化降解预处理环节

在废水强化降解预处理环节，可通过化学氧化、高负荷生物处理等技术对废水中的高浓度污染物进行降解转化，从而大幅降低进入后续废水生物处理单元的污染负荷，特别是难降解、有毒和高浓度污染物的负荷。

4. 废水生物处理环节

在废水生物处理环节，通过降解微生物的生长代谢作用，实现废水中可生物降解污染物的降解去除。例如，采用缺氧/好氧（A/O）工艺实现 ABS 树脂生产废水中溶解性有机物和氮的去除。

5. 废水深度处理环节

在废水深度处理环节，通过物化、生化等方法，实现废水中难降解有机物、氮磷、盐、致垢离子等影响废水稳定达标排放或资源化利用的污染物，保证废水稳定达标或回用。例如，采用氧化混凝技术对腈纶废水生物处理出水进行深度处理，以实现达标排放。

3.1.4　控制技术的研发与筛选

要在关键控制环节实现关键污染物的控制，必须采用适宜的控制技术。所采用的技术优先从经过工程实践检验的技术中筛选。在通常情况下，为保证技术的适用性并降低污染控制成本，需要根据具体情况进行技术的二次研发和优化。技术的研发和筛选应遵循以下原则。

1. 可工程实施原则

拟采用的技术应已在该废水或类似废水中有工程应用，且能稳定达到设计目标，或在其他领域具有工程应用，在原理上具有工程实施的技术可行性。

2. 技术经济原则

优先选择运行稳定性高、耐进料波动能力强、工艺流程简单、可操作性强、投资省、运行成本低的技术。

3. 回收物料就地消纳优先原则

回收物料要能够在厂内就地消纳或在场外具有稳定的接收渠道，避免回收物料成为处置难度更大、处理成本更高的危险废物。污染控制过程中应避免引入影响回收物料资源化利用的杂质。回用于厂内生产工艺的回收物料，要保证对原有生产装置的稳定运行不产生不利影响或风险。

4. 问题导向原则

采用技术应优先解决制约污染物源头减量和污染控制系统稳定运行的瓶颈问题。

3.1.5 各环节控制目标的确定

在确定各减排环节所采用的工艺技术后，各单元废水污染控制成本取决于各环节控制目标。各环节控制目标偏低，易造成末端处理压力偏大，不能体现全过程控制的优势。各环节控制目标偏高，易造成控制成本偏高，无法体现污染全过程控制的经济优势。因此，各环节控制目标的确定应遵循以下原则。

1. 技术经济原则

选择的工艺参数应首先保证污染控制系统的稳定运行，在此前提下，使整体污染控制成本最小化或收益最大化。

2. 整体优化原则

协调发挥各控制环节的污染减排能力，避免某一环节目标偏高，其他环节未充分发挥作用，导致整体成本偏高。

3. 回收品质优先原则

处理好回收率和回收品质的关系，优先保证回收物料品质，确保厂内生产装置或厂外再利用装置稳定运行。

3.1.6 合成材料生产废水污染全过程控制通用技术路线

作者团队在合成材料生产废水产排特征、组成分析和污染全过程控制关键污染物识别与关键控制环节确定的基础上，总结合成材料生产装置现有废水污染控制技术，提出合成材料生产废水污染全过程控制的通用技术路线（图 3-3）。

在生产环节工艺替代方面，采用本体聚合或溶液聚合工艺代替排水量较大的乳液聚合或悬浮聚合工艺。

在生产环节污染物源头减量方面，通过助剂替代、反应釜清洗废水工艺内回用、清釜周期延长、副产物减量实现聚合反应单元的污染减量；通过单体高收率回收技术、聚合物高收率分离技术、溶剂高收率回收技术分别实现单体回收单元、聚合物分离单元和溶剂回收单元的污染源头减量。

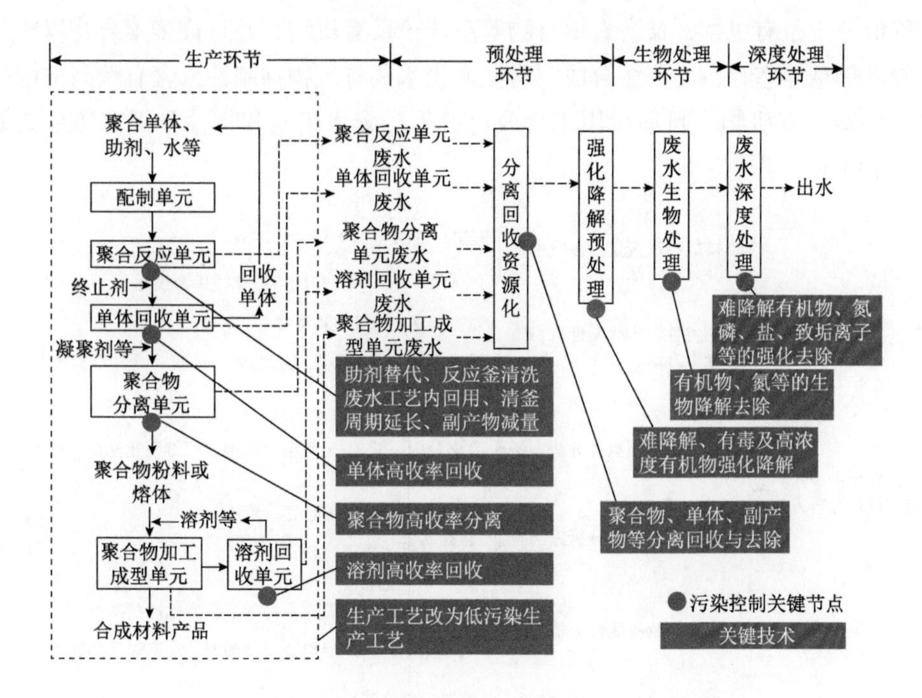

图 3-3　合成材料生产废水污染全过程控制的通用技术路线

在废水预处理环节，通过废水分流减少需要预处理的废水量，并降低预处理难度，提高回收物料品位。在分离回收资源化单元对废水中高浓度聚合物、单体、副产物等进行分离回收；在强化降解预处理单元对难降解、有毒及高浓度有机物进行高负荷强化降解去除。

在废水生物处理环节，通过生物降解作用实现废水中有机物和氮的去除。

在废水深度处理环节，实现废水中难降解有机物、氮磷、盐或其他影响达标排放和回用的特征污染物的去除。

本章对合成材料生产废水污染全过程控制过程中可能采用的技术进行总结，重点介绍采用相关技术打通废水污染全过程控制路径的思路，而不对各项技术做详细阐述。

3.2 合成材料生产废水组成与特性分析技术

对生产废水组成和特性的全面分析是制定合理的废水污染全过程控制策略与技术路线的基础和关键。合成材料生产废水组成复杂，既含有单体、助剂、副产物等低分子量有机物，又含有聚合物等高分子量有机物，并且许多聚合物以粉料或胶乳等悬浮态存在。许多合成材料生产废水具有生物抑制性或含有较高浓度的难生物降解有机物。目前可用于合成材料生产废水组成和特性分析方法分类如图 3-4 所示。

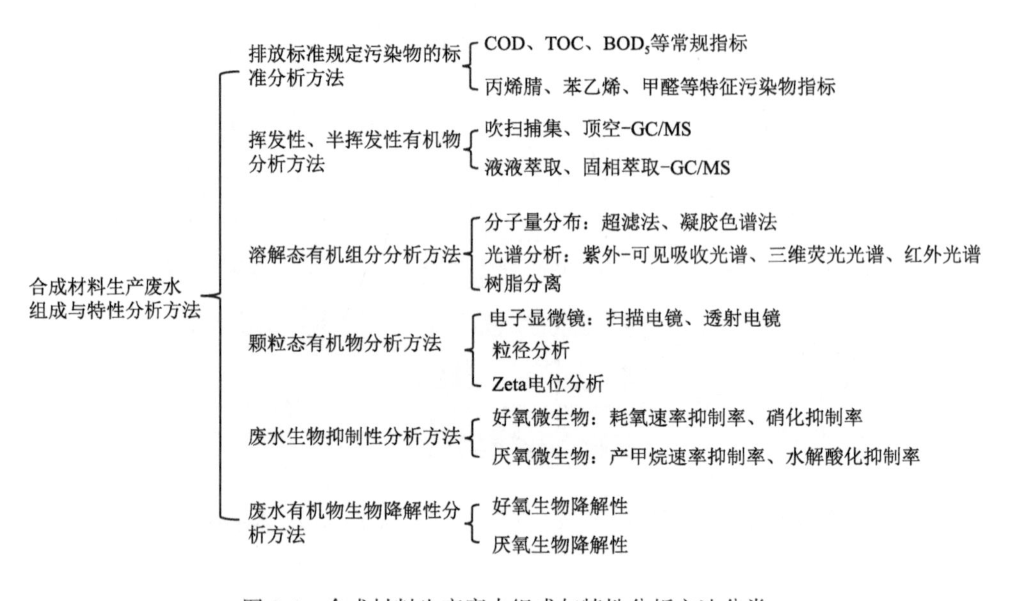

图 3-4 合成材料生产废水组成与特性分析方法分类

合成材料生产废水组成复杂、特性多样，单纯排放标准中规定的常规水质指标和特征污染物指标仍不能全面反映废水的组成和特性，还需要对废水中不同类型污染物进行系统分析。

合成材料生产废水中的有机物，按照其挥发性可分为挥发性有机物、半挥发性有机物和难挥发性有机物。挥发性和半挥发性有机物可采用气相色谱质谱法进行定性和定量分析，而难挥发性有机物可采用紫外-可见吸收光谱、红外光谱、三维荧光光谱等光谱分析方法进行半定性分析，溶解态有机物还可进行分子量分布分析和树脂分离分析。颗粒态有机物可采用扫描电镜和透射电镜进行颗粒态污染物表面形态和内部微观结构的分析，还可进行颗粒粒径和 Zeta 电位分析，以了解颗粒物大小及其在水中的凝聚趋势。

合成材料生产废水还应进行生物抑制性分析和有机物生物降解性分析，从而对废水中污染物的生物抑制性和难降解有机物的浓度进行总体表征。

3.2.1　挥发性、半挥发性有机物分析技术

该类技术通过废水中挥发性、半挥发性有机物的定性、定量分析，为关键污染物识别提供依据。

合成材料生产废水中的挥发性有机物可采用吹脱捕集-气相色谱质谱法、顶空-气相色谱质谱法，如《水质 挥发性有机物的测定 吹扫捕集/气相色谱-质谱法》（HJ 639—2012），《水质 挥发性有机物的测定 顶空/气相色谱-质谱法》（HJ 810—2016）、《挥发性有机物的测定 气相色谱-质谱法》（USEPA 8260D）[①]等；废水中半挥发性有机物可采用液液萃取-气相色谱质谱法、固相萃取-气相色谱质谱法测定，如《水质 半挥发性有机物的测定 气相色谱-质谱法（GC-MS）》（F-HZ-HJ-SZ-0161）、《半挥发性有机物的测定 气相色谱-质谱法》（USEPA 8270E）[②]。在测定实际废水过程中，常需要在上述标准方法的基础上，结合废水特性和组成特点，对样品的前处理方法和色谱质谱条件进行优化。对于废水中存在但上述方法未涵盖的挥发性、半挥发性有机物，分别对其回收率、精密度、检出限等进行测定。例如，需要采用吹扫捕集-气相色谱质谱法测定 ABS 树脂生产废水中的丙烯腈等挥发性有机物，而用二氯甲烷萃取-气相色谱质谱法测定 ABS 树脂生产废水中的苯乙酮、二甲基苯甲醇等半挥发性有机物。

3.2.2　溶解态有机组分分析技术

由于溶解态难挥发性有机物难以进行 GC-MS 定性分析，以及 LC-MS 分析缺乏完整的谱库，大多数有机物定性难度较大。因此，溶解态难挥发性有机物常单独或组合应用分子量分布、光谱分析、树脂分离等技术进行表征分析。

---

① USEPA. 2006. Method 8260D (SW-846): Volatile Organic Compounds by Gas Chromatography/Mass Spectrometry (GC/MS). Revision 3.

② USEPA. 2014. Method 8270E (SW-846): Semivolatile Organic Compounds by Gas Chromatography/Mass Spectrometry (GC/MS).

1. 有机物分子量分布分析技术

常用的有机物分子量分布分析技术包括超滤法和凝胶色谱法。

1）超滤法

采用一系列不同截留分子量的超滤膜对水样进行过滤，得到废水中不同分子量分布范围（小于截留分子量）的组分，然后对各组分进行多种分析，以获得不同类型有机物的分子量分布特征。按照不同分子量组分的获得方式，可分为串联过滤法和平行过滤法两种。其中，平行过滤法是将水样分别用不同截留分子量的超滤膜进行过滤，每张膜的过滤量仅需满足该超滤膜滤液组分的分析要求，且废水仅需经过一次膜过滤，与串联过滤法相比过滤工作量较小，且可同时进行，用时较短，也可减少过滤过程中的误差，是目前较常采用的过滤方式。超滤获得的滤液可分别进行光谱分析和树脂分离分析等，再通过测定结果之间的加减运算，可获得不同特性有机物的分子量分布特性。例如，采用超滤法测定去除悬浮物的腈纶生产废水，发现废水中含有较高浓度的低分子量聚合物。

2）凝胶色谱法

凝胶色谱法是利用凝胶色谱柱对水样中的溶解态有机物进行分离。由于凝胶颗粒上的微孔孔径在一定范围内分布，使得不同分子量有机物进入凝胶颗粒内部的程度不同，在凝胶颗粒内的滞留时间也不相同。大分子有机物无法进入凝胶内部微孔，在凝胶颗粒内滞留时间短，在较短时间内便通过色谱柱，色谱保留时间较短；而小分子有机物可进入凝胶内部微孔，且分子量越小的有机物在凝胶中的运动路径越长，滞留时间越长，色谱保留时间也越长。凝胶色谱常用的检测器包括紫外检测器、荧光检测器、示差折光检测器及总有机碳检测器等。

2. 光谱分析技术

通过分析废水或废水组分的光谱特性，推测废水或废水组分中有机物的主要官能团类别，进行污染物的定性或半定性分析，从而为污染物控制技术的筛选和开发提供依据。常用的废水光谱分析技术包括紫外-可见吸收光谱法、三维荧光光谱法和红外光谱法等。例如，采用红外光谱法可发现 ABS 树脂生产废水中含有较高浓度的腈类物质，采用三维荧光光谱法和紫外-可见吸收光谱法可发现 ABS 树脂生产废水中含有较高浓度的芳香族有机物。

1）紫外-可见吸收光谱法

紫外-可见吸收光谱法是基于分子内电子跃迁产生的吸收光谱进行分析的

方法。有机物的紫外-可见吸收光谱取决于有机物的分子结构，能够产生 $n\rightarrow\sigma^*$、$n\rightarrow\pi^*$和 $\pi\rightarrow\pi^*$电子跃迁的分子可以产生紫外-可见吸收光谱。含有杂原子 S、N、O、P、卤素的饱和有机物都可以发生 $n\rightarrow\sigma^*$跃迁，相应的吸收峰多在 200 nm 以下，在紫外区不易观察到这类跃迁。而当分子中含有不饱和基团时，会发生 $n\rightarrow\pi^*$和 $\pi\rightarrow\pi^*$电子跃迁，产生大于 200 nm 的紫外吸收区。而—OH、$—NH_2$、—SH 及卤素元素会使光谱吸收效果增强，称为助色团。常见单体苯乙烯、丙烯腈等都具有特定的紫外吸收，因此，可通过紫外吸收的变化反映废水处理过程中苯环结构、腈基等结构的降解情况。

2）三维荧光光谱法

光与物质作用产生激发态分子，分子由激发态返回基态时的发光现象称为光致发光，荧光是光致发光的一种。三维荧光光谱法在不同的发射波长和激发波长测定荧光强度，从而获得以激发波长、发射波长和荧光强度为坐标的三维荧光光谱图，其包含丰富的光谱信息，被称为荧光物质的指纹。该方法适合合成材料生产废水中芳香族等有机物的跟踪监测。

3）红外光谱法

红外光谱是由分子内部原子间的相对振动和分子转动等过程产生的，因此可以反映分子内部原子之间的连接关系，也可以反映有机分子中官能团等结构特征。对于不同的化学键或官能团，其振动能级从基态跃迁到激发态所需的能量不同，吸收红外光的波长不同，在不同波长出现吸收峰，即形成红外光谱。通常键长的改变比键角的改变需要更大的能量，因此伸缩振动出现在高波数区，弯曲振动出现在低波数区。红外吸收峰的强度与偶极矩（正、负电荷中心间的距离和电荷中心所带电量的乘积）变化有关，与分子振动时偶极矩变化的平方成正比。一般来说，永久偶极矩大，振动时偶极矩变化也较大。例如，C—O 键强度比 C—C 键强度要大得多。

合成材料生产废水中常含有多种聚合物，通过对水样中高分子量有机物红外光谱的分析，可结合生产工艺单体组成，定性判断聚合物的单体组成，为废水污染控制技术的筛选和研发提供依据；同时还可通过回收聚合物与产品聚合物红外光谱的对比，反映回收聚合物的品质。

3. 树脂分离技术

废水有机物的亲疏水性和酸碱性与其吸附性能密切相关，而吸附性能是影响混凝、非均相氧化、吸附等处理效果的关键因素。因此，通过对废水中不同亲疏水性和酸碱性物质组分的分离与分析，在对废水中关键有机物无法完全定性的情况下，判断有机物的亲疏水性和酸碱性，从而选择和开发适用的强化去除技术。

树脂分离技术一般利用大孔径吸附树脂以及阴阳离子交换树脂等对样品中的溶解态有机物进行组分分离，通过吸附树脂将有机物分为亲水性组分（HIS）、疏水酸性组分（HOA）、疏水碱性组分（HOB）和疏水中性组分（HON）。再通过离子交换树脂将 HIS 分为亲水酸性组分（HIA）、亲水碱性组分（HIB）和亲水中性组分（HIN）。

3.2.3 颗粒态污染物特性分析技术

合成材料生产废水含有的聚合物颗粒通常是具有回收价值和导致生物处理出水超标的关键污染物，为研发和筛选适宜的去除技术，应综合采用粒径分析、Zeta 电位分析、电子显微镜观察等技术对颗粒态污染物进行表征。

1. 粒径分析

废水中粒径在 1 μm 以下的颗粒物，可采用纳米粒度仪测定；粒径在 1 μm 以上的颗粒物，宜采用激光粒度仪进行分析。

纳米粒度仪通常采用动态光散射原理，根据水样受光照射后散射光涨落起伏的快慢计算颗粒布朗运动的速度，然后再根据布朗运动的速度计算颗粒大小。因此，当颗粒直径较大时，布朗运动将显著减弱，纳米粒度仪测定的灵敏度和准确度将下降。纳米粒度仪可用于废水中胶乳颗粒粒径分布的测定。

激光粒度仪通过颗粒的衍射或散射光的空间分布（散射谱）来分析颗粒大小，采用夫琅禾费（Furanhofer）衍射及米氏（Mie）散射理论，测试过程不受温度变化、介质黏度、试样密度及表面状态等诸多因素的影响。当颗粒物受到光照射时，将对光线进行散射，散射光的传播方向与主光束的传播方向形成一个夹角，称为散射角。散射角的大小与颗粒大小有关，颗粒越大，散射角就越小。而散射光的强度代表该粒径颗粒的数量。因此，通过测定不同散射角度上的散射光的强度，就可以得到废水颗粒物的粒径分布。激光粒度仪可用于废水中凝聚颗粒粒径分布的测定。

2. Zeta 电位分析

合成材料生产废水颗粒物表面通常带有一定的电荷，特别是胶乳颗粒表面电荷密度较大，颗粒之间相互排斥，难以絮凝和沉淀，去除难度较大。因此，对颗粒表面带电特性的表征对于颗粒物去除技术的研发和筛选具有重要意义。

颗粒表面带电离子（电位离子）通过静电引力吸引大量带反号电荷的离子（反号离子）聚集在颗粒周围，电位离子与反号离子构成颗粒的双电层结构。反号离子中距离电位离子近的部分被紧密吸引，可随胶乳颗粒一起运动，组成固定的吸附离子层（吸附层），而距电位离子较远的反号离子，受到的静电引力较弱，无法随胶乳颗粒一起运动，并有向水中扩散的趋势，形成扩散离子层（扩散层）。吸附层和扩散层的交界面称为滑动面，吸附层与扩散层的电位差称为 Zeta 电位。根据界面动电现象的种类，Zeta 电位的测量方法主要有电泳法、流动电流法和流动电位法等。其中最常用的是电泳法，即通过颗粒在外加电场中的移动速度计算颗粒的 Zeta 电位。

3. 电子显微镜观察

除对颗粒物进行粒径分布和 Zeta 电位的原位表征外，还可将颗粒物提取出来进行直接观察。常用于废水颗粒物观察的电子显微镜按照成像原理可分为透射电子显微镜和扫描电子显微镜。

透射电子显微镜通过电子束穿透样品，再用电子透镜进行放大成像，分辨率为 0.1～0.2 nm，放大倍数为几万倍到几十万倍。可用于废水中胶乳颗粒等小粒径颗粒物的观察。

扫描电子显微镜的电子束不穿过样品，通过电子束聚焦在样品的一小块区域，然后一行一行地扫描，入射的电子导致样品表面被激发出次级电子，再通过次级电子等信号进行成像分析。放大倍数是显像管上扫描幅度与样品上扫描幅度之比，可从几十倍连续地变化到几十万倍。扫描电子显微镜不需要电子束穿透样品，可用于观察废水中较大粒径的颗粒物。

3.2.4　废水生物抑制性分析技术

废水生物抑制性分析，即评价废水及其中污染物对废水生物处理系统中微生物的抑制效应，是识别废水中生物抑制性污染物的基础，目前应用较多的分析方法包括耗氧速率抑制率法和产甲烷速率抑制率法等。

1. 耗氧速率抑制率法

在废水好氧生物处理单元，氧气的消耗是好氧活性污泥生命活动的标志性过程。异养微生物氧化分解有机物以及硝化细菌将氨氮转化为亚硝酸盐和硝酸盐的过程均消耗氧气。因此，活性污泥耗氧速率（oxygen uptake rate，OUR），即单位时间内消耗氧气的量，是描述活性污泥活性的重要指标。在溶解氧和营养充足的条件下，活性污泥代谢旺盛，耗氧速率较高。而当微生物受到毒性物质抑制时，氧的消耗受到影响，耗氧速率迅速降低，耗氧速率降低比例称为耗氧速率抑制率，可用于定量表征废水或物质对活性污泥微生物的抑制效应。

许多国家及国际组织将活性污泥耗氧速率抑制率法纳入了水质毒性测试的标准方法体系，如 ISO 8192①、OECD 209②、美国 OPPTS 850.6800③以及我国《化学品 活性污泥呼吸抑制试验》（GB/T 21796—2008）等。耗氧速率抑制试验可用于化学品、废水等样品对活性污泥的生物抑制性评价。

2. 产甲烷速率抑制率法

按照有机物厌氧降解的三阶段理论，产甲烷过程是有机物厌氧降解过程的最后阶段。而产甲烷菌较水解酸化菌等厌氧或兼氧微生物对有毒物质更为敏感。因此，产甲烷速率可很好地反映厌氧微生物的活性，产甲烷速率抑制率可很好地反映废水或污染物对厌氧微生物的抑制效应。Owen 等（1979）在前人研究工作的基础上建立了基于生物产气的厌氧毒性试验（anaerobic toxicity assay，ATA）方法，成为迄今应用最广泛的厌氧毒性评价方法。该方法利用乙酸和丙酸作为降解基质，向血清瓶内加入一定体积培养液（包括待测水样、无机培养基、降解基质和接种微生物），测定体系的甲烷生成速率。以未加入待测水样的试验为对照，测定两个体系的甲烷生成速率，进而计算厌氧产甲烷抑制率。ISO 13641-1 方法与此类似，采用的产甲烷基质为乙酸钠④。

---

① International Standard Organization. 2007. ISO 8192: 2007. Water Quality—Test for Inhibition of Oxygen Consumption by Activated Sludge for Carbonaceous and Ammonium Oxidation.

② Organisation for Economic Co-operation and Development. 2010. OECD 209. OECD Guideline for the Testing of Chemicals. Activated Sludge, Respiration Inhibition Test (Carbon and Ammonium Oxidation).

③ U.S. Environmental Protection Agency. 1996. EPA 712-C-96-168. Modified Activated Sludge, Respiration Inhibition Test for Sparingly Soluble Chemicals. Ecological Effects Test Guidelines PPTS 850. 6800.

④ International Standard Organization. 2003. ISO13641-1: 2003. Water Quality—Determination of Inhibition of Gas Production of Anaerobic Bacteria.

3.2.5　废水有机物好氧生物降解性分析技术

好氧生物处理单元是综合污水处理厂的主体处理单元，如果某种有机物在好氧条件下无法降解，意味着该有机物可能穿透废水生物处理单元进入废水深度处理单元，直接影响废水的达标排放与回用，并导致废水深度处理成本提高。目前较常采用的判断废水有机物好氧生物降解性的方法是 B/C 比值法和好氧生物降解试验法。

1. B/C 比值法

通常认为，B/C（BOD_5/COD）可在一定程度上反映废水中可生物降解的有机物占有机物总量的比例，可用于评价废水在好氧条件下的微生物可降解性，B/C 越高，表明废水采用好氧生物处理达到的效果越好：B/C<0.25，表明好氧生物降解性差；B/C≥0.3，表明好氧生物降解性尚好；B/C≥0.45，表明好氧生物降解性良好。由于合成材料生产废水组成复杂，常同时含有较高浓度的易降解有机物和难降解有机物，废水中的难降解有机物容易被高 B/C 掩盖。例如，腈纶生产废水中同时含有丙烯腈和 *N,N*-二甲基乙酰胺等可生物降解有机物，还含有低聚物等难生物降解有机物。

2. 好氧生物降解试验法

《水质　水中有机化合物好氧降解性评价-静态试验（Zahn-Wellens 法）》（ISO 9888—1999）是废水有机物生物降解性评价的常用方法。该方法采用静态试验测定废水组分的好氧生物降解性。试验混合液中含有无机营养基质、活性污泥和待测废水。在试验的初始、结束（通常为 28 d）以及中间的时间点测定 DOC（或 COD）的浓度，据此计算生物降解率。该方法较 B/C 比值法可更好地反映废水中难降解有机物的量，并可对生物处理出水有机物浓度做出预测。

3.3　合成材料生产废水与污染物源头减量技术

3.3.1　低污染生产工艺

在常用的自由基聚合工艺中，本体聚合、溶液聚合和气相聚合为无水聚合工艺，而乳液聚合和悬浮聚合为高耗水聚合工艺，相应的废水产生量也较大，如果能在满足产品质量要求的情况下将高耗水聚合工艺替代为无水聚合工艺，将从根本上减少合成材料生产废水的排放。

目前具有替代潜力的合成材料生产工艺包括丁苯橡胶溶液聚合工艺替代乳液聚合工艺，连续本体法 ABS 聚合工艺替代乳液聚合工艺等。

丁苯橡胶溶液聚合工艺不产生工艺废水，按聚合方式可分为间歇聚合和连续聚合两大类，两大类技术各具特点。间歇聚合工艺生产灵活性大、品种应变性强；而连续聚合工艺产品质量稳定、生产效率高，消耗低、反应过程易于控制。两种工艺分别用于不同牌号和产能的产品生产。丁苯橡胶溶液聚合工艺产品性能优于乳液聚合工艺，生产成本和价格也更高，因此主要用于生产轮胎、胶鞋等高端橡胶产品用胶。

连续本体法 ABS 聚合工艺不产生工艺废水。该工艺是将增韧橡胶溶于单体和少量溶剂中进行接枝聚合，随着聚合反应的进行，形成溶解于单体中的接枝橡胶和 SAN 两个独立相溶液，随着聚合反应进一步加深，聚合反应液发生相转变，SAN 成为连续相，橡胶粒子形成并分离出来，分散在 SAN 相中。反应后期，通过适度交联增加橡胶粒子的强度，然后脱挥、造粒，得到 ABS 树脂产品。与乳液接枝本体 SAN 掺混法产品相比，连续本体法 ABS 聚合工艺存在光泽度与韧性难以平衡、丙烯腈含量与橡胶含量较低等问题，目前主要用于生产橡胶含量在 20%以内的 ABS 树脂。

3.3.2 聚合反应釜清洗废水工艺内回用技术

对于间歇聚合反应釜，每批反应结束后、下一批反应进行前，通常需对反应釜进行清洗，以保证每批产品质量的均一性。当采用水作为主要清洗剂时，将排放清洗废水。

聚合反应釜清洗废水中通常含有较高浓度聚合胶乳，具有资源化价值，但同时含凝固物等杂质。凝固物的组成与特性往往与产品聚合物有明显差别，难以直接作为产品聚合物，因此，聚合反应釜清洗废水不能直接与聚合胶乳混合并进入后续的聚合物分离单元，必须首先去除聚合反应釜清洗废水中的凝固物等杂质。以 ABS 树脂乳液聚合工艺为例，聚合反应釜清洗废水中凝固物尺寸较大，通常在几毫米以上，容易采用筛网过滤去除。聚合反应釜清洗废水经筛网过滤预处理后，可与聚合胶乳混合，从而实现废水中有用物料的工艺内回用。工业化结果表明，聚合反应釜清洗废水回用不会对产品质量和后续工艺单元的运行稳定性产生不利影响。

3.3.3　清釜周期延长技术

当聚合反应釜内壁、换热器、搅拌器表面的黏附物影响反应釜混合传热和控温效果时，需要对反应釜进行彻底清理（清釜），此时需排放清釜废水。清釜废水组成复杂，含有未聚合单体、聚合物、反应副产物和残余助剂等多种有毒、难降解污染物，处理难度大。

聚合反应釜内壁或换热器挂胶是清釜周期短的根本原因。因此，要延长清釜周期，实现清釜废水的源头减量，必须研究开发防止聚合反应釜挂胶的方法。

聚合反应配方和工艺条件对挂胶具有重要影响，但两者的改变还会影响产品性能和后续处理工艺。因此，清釜周期延长技术专指在固定反应配方和主要工艺条件的前提下延长清釜周期的技术。目前常用的方法包括聚合反应釜釜壁处理、高效清洗和混合搅拌优化等。

1. 聚合反应釜釜壁处理

通过对釜内壁进行表面处理，减少聚合物颗粒在釜壁的附着，从而降低挂胶的累积速度，延长聚合反应釜的清釜周期。釜壁处理方式包括提高釜壁光滑程度、在釜壁表面增加防挂胶涂层等。

提高釜壁光滑程度的措施包括对釜壁进行镜面抛光或搪玻璃处理等。例如，丁苯橡胶聚合反应釜多采用搪玻璃方式进行处理（王轮和周恩余，2012）。

釜壁表面增加防挂胶涂层旨在“钝化”金属表面的自由电子或金属离子活性中心。这些活性中心会使单体分子与其发生电子转移，形成自由基，在釜壁发生链增长，造成挂胶。如果釜内壁喷涂含有链终止剂的涂料，可避免聚合物链在釜壁的生长。例如，上海氯碱化工股份有限公司针对 PVC 聚合反应釜挂胶问题，开发了在釜内壁涂布的防黏釜剂，有效延长了聚合反应釜的清釜周期（王磊，2015）。

2. 聚合反应釜高效清洗

对于间歇或半连续运行的聚合反应釜，每批聚合完成后，可对釜壁进行清洗，将釜壁上黏附的挂胶较大程度地清洗下来。清洗程度越高，下一批次进料前釜壁上残留的聚合物越少。一方面提高釜壁的光滑程度，防止釜壁粗糙造成的凝固物黏附；另一方面可减少釜壁聚合物链生长造成的挂胶量，从而延缓釜壁挂胶的积累速度。羧基丁苯胶乳聚合反应釜由人工清洗改为高压水射流清洗后，提高了釜壁清洗效果，有效缓解了聚合反应釜挂胶（窦艳涛等，2018）。

3. 聚合反应釜混合搅拌优化

已有研究表明，聚合反应釜内的混合搅拌对凝固物生成具有重要影响。通过聚合反应釜釜内件改造，如搅拌器类型及尺寸优化、增设挡板等方式，提高聚合反应釜内的混合传热效果，并降低剪切速率，有望降低乳液聚合中凝固物生成量，防止釜壁挂胶。例如，采用双螺带搅拌器的 ABS 接枝聚合反应釜釜壁挂胶，清釜周期不足 30 批，流场模拟结果表明，反应液整体打漩严重，中心区域混合传热效果较差。将双螺带搅拌器更换为宽桨叶搅拌器，釜内混合传热效果显著改善，清釜周期延长至 120 批以上。

3.3.4　聚合助剂替代

在保证生产装置稳定运行和产品质量的前提下，通过生产工艺优化，对有毒及难降解助剂进行替代或减量，从而减少进入废水的有毒及难降解有机物等污染物排放量，减小末端处理难度。

1. 引发剂替代

在废水产生量较大的乳液聚合和悬浮聚合工艺中常用的引发剂包括以过硫酸钾和过硫酸铵为代表的热分解性引发剂、以有机过氧化物-还原剂亚铁盐-二次还原剂（如甲醛次硫酸氢钠）和过硫酸盐（钾、钠、铵）-二氧化硫（或亚硫酸氢钠、偏亚硫酸氢盐）-亚铁盐为代表的氧化还原引发体系。当引发剂中含有过硫酸铵时，废水氨氮浓度较高。因此，当废水氨氮影响后续废水处理系统稳定达标时，可考虑对引发剂体系进行替代。

2. 磷酸盐缓冲体系替代

在自由基聚合反应中，pH 会对聚合反应速率及聚合物分子量分布产生明显影响。因此，通常需要通过缓冲体系将聚合反应液的 pH 保持在一定范围内。磷酸盐缓冲体系常用于丁苯橡胶等乳液聚合过程，造成废水含磷量偏高。例如，将磷酸盐缓冲体系替代为无磷缓冲体系，则可实现废水中磷酸盐的源头减量。

2012 年，中国石油抚顺石化公司 20 万 t/a 丁苯橡胶装置建成，以磷酸钾为电解质，产生大量高含磷工艺废水，经化学除磷处理，每天产生 30～50 t 废水处理污泥，废水处理成本高，严重制约了装置的长周期、满负荷生产。兰州化工研究中心经4年攻关，研发了丁苯橡胶无磷生产技术，从源头解决了污水中磷含量高的问题，实现了磷的零排放。

3. 焦磷酸盐活化剂替代

氧化还原引发体系通常包含螯合剂和二次还原剂组成的活化剂体系，从而保证聚合过程的稳定、高效。其中的螯合剂具有双重作用：一方面减轻聚合体系中某些重金属离子的阻聚作用；另一方面可使还原剂亚铁离子在碱性聚合体系中以螯合态存在，对还原剂起到保护缓冲作用，避免其在碱性脂肪酸皂存在下过快转化为不溶性沉淀。二次还原剂的作用是将氧化还原反应中生成的 Fe^{3+}还原为 Fe^{2+}，以保持氧化还原反应的持续进行，同时大幅降低聚合配方中铁的用量，改进产品质量。螯合剂最初采用的是焦磷酸盐，目前可采用乙二胺四乙酸盐进行替代，从而减少废水中磷含量。

4. 有毒助剂的替代

聚合终止剂是自由基聚合常用的有机助剂，用于及时终止聚合反应以保证聚合物分子量和产品质量的均一性。最初，乳液聚合丁苯橡胶生产采用的聚合终止剂大多为二甲基二硫代氨基甲酸盐及二烷基羟胺或其与亚硝酸钠的混合物。这些物质在胶乳凝聚的酸性条件下和硫化加工过程中易生成仲胺，而仲胺可与硝基化试剂（如亚硝酸钠）以及空气中的氮氧化物反应，生成致癌性的亚硝基化合物。目前有报道的典型低毒性聚合终止剂如表3-1所示。

表3-1 典型低毒性聚合终止剂

序号	企业	年份	终止剂组成	专利文件
1	德国 Bunawerke Huls 公司	1989	芳烃类羟基二硫羧酸或其盐	USP 4965326
2	Shell 公司	1993	Na_2S_4	EP 437293 A2
3	Goodyear 公司	1995	异丙基羟胺及其盐	USP 5384372
4	美国 Nalco/Exxon 能源化学品公司	1999	2-叔丁基硝酰、1-烃氧基-2,2,6,6-四甲基哌啶等硝酰类化合物	USP 5880230
5	中国石油化工股份有限公司齐鲁分公司	2003	单烷基或单芳基二硫代氨基甲酸盐、盐酸羟胺或硫酸羟胺、硫化钠或水合硫化钠等三组分组成的复合型终止剂	CN 1429847

资料来源：韩洪义和李小军，2011。

在硫化促进剂方面，以往乳液聚合丁苯橡胶生产中用量最大、综合性能最好的次磺酰胺类促进剂如 *N*-氧联二亚乙基-2-苯并噻唑次磺酰胺已被禁用；二乙基二硫代氨基甲酸锌、二硫化四甲基秋兰姆等有毒促进剂正在淘汰中。在橡胶防老剂方面，萘胺类和酚类已逐渐停用，二胺及喹啉类防老剂发展较快（韩洪义和李小军，2011）。

3.3.5 副产物减量技术

根据副产物产生环节和影响因素，在不影响正常聚合反应过程的情况下，通过工艺参数优化等措施，降低副产物生成量，从而增加产品产率，实现污染物源头减量。

例如，PET 树脂生产过程中，废水中副产物乙醛含量较高。由于乙醛主要在酯化反应阶段生成，随着酯化反应温度的提高，酯化馏出水中的乙醛含量会明显升高。因此，降低酯化釜反应温度可有效降低乙醛生成量。

又如，低聚物是腈纶、聚乙烯等淤浆法（悬浮法）聚合过程中常见的副产物，会导致产品收率下降甚至性能下降。在采用齐格勒-纳塔钛系催化剂的聚乙烯悬浮聚合工艺中（刘彦昌，2001），催化剂短流会造成聚合物分子链尚未充分生长便被排出聚合反应器，导致聚合反应母液中低聚物含量高。低聚物的生成量与工艺过程、催化剂浓度、催化剂加料方式及操作条件有直接关系，一般釜式反应器和立式流化床反应器较卧式气相反应器低聚物的生成量高。

在腈纶的水相悬浮聚合工艺中自由基的产生和聚合物分子链的增长均主要限于水相，低聚物产生于自由基聚合的初期阶段。当聚合物链尚未充分延伸便被排出反应器时，聚合终止剂加入，聚合反应终止，这部分聚合物以低聚物的形式进入腈纶聚合反应母液，并在水洗过滤操作过程中进入废水，成为腈纶废水治理的难点问题。因此，如果通过控制腈纶聚合工艺条件降低低聚物生成量，将显著减少废水中难降解有机物含量，并降低废水处理难度。例如，提高反应器的推流效果、控制引发剂浓度等可减少低聚物生成量。目前这方面已开展的研究仍然较少，未来需进一步开展系统研究。

3.3.6 单体高收率回收技术

在连续聚合过程中，为保证较高的聚合反应速率，反应体系中通常要保证一定的单体浓度，因此排出聚合反应釜的聚合反应母液中通常含有较高浓度的单体，如果直接进行凝聚、过滤等聚合物分离操作，聚合反应母液中的单体会大量进入废水，造成废水污染物浓度高，整个生产装置的单体利用率偏低，生产成本和污染治理成本偏高。因此，在聚合反应母液排出反应器后通常要进行单体回收操作。例如，在腈纶的水相悬浮连续聚合工艺中，聚合反应母液要进行丙烯腈单体的回收操作。在丁苯橡胶的连续乳液聚合工艺中，聚合反应母液要先后回收丁二烯和苯乙烯，从而提高它们的利用率，降低生产成本。因此，单体回收单元的高效稳定运行对废水中单体浓度具有重要影响。

例如，在 PVC 糊树脂的生产过程中（高泽远，2017），聚合反应母液中约残留 10%的氯乙烯单体（VCM）。传统工艺采用低温水和深冷盐水两级冷凝回收 VCM，回收率仅 90%，而改用冷却水冷凝-VCM 气化冷凝-活性炭吸附解析工艺，VCM 回收率提高至 98%。

又如，传统的乳液聚合丁苯橡胶生产装置的单体回收系统（宋守刚和赵美玉，2009）由于丁二烯水环式压缩机密封水与苯乙烯汽提塔顶凝液共用同一滗析器，丁二烯和苯乙烯互为聚合种子，聚合现象严重，滗析器排水中苯乙烯含量偏高。而针对丁二烯水环式压缩机密封水与苯乙烯汽提塔顶凝液分别设置单独的滗析器，苯乙烯回收效率显著提高，废水苯乙烯浓度由平均 2372 mg/L 降至 200 mg/L。针对苯乙烯汽提塔顶气相夹带胶乳严重的问题，用 4 块筛孔塔盘代替原有的两块压沫板，并增加滗析器排水的回流和侧线抽出，废水苯乙烯含量进一步由 200 mg/L 降至 150 mg/L。

3.3.7　产品聚合物高收率分离技术

此类技术旨在提高聚合物分离单元产品聚合物收率，减少向废水中的流失量，从而降低后续废水处理负荷。产品聚合物高收率分离技术应结合传统工艺的聚合物流失问题，识别分析聚合物流失原因，然后通过工艺、设备的优化和完善，削减聚合物流失量。

以 ABS 树脂生产为例，在传统以硫酸为单一凝聚剂的工艺中，由于胶乳凝聚效果不理想，未被凝聚的聚合物粒子和凝聚产生的过小团簇进入废水，造成聚合物流失和废水污染物浓度升高。将传统凝聚工艺改为复合凝聚工艺，可显著改善胶乳凝聚效果，提高聚合物收率，减少进入废水的聚合物量。

3.4　合成材料生产废水预处理技术

3.4.1　聚合物过滤截留回收技术

此技术旨在通过过滤截留方法对废水中的产品聚合物或副产物聚合物进行回收，然后将其返回合成材料生产工艺，提高产品收率，或用于装置外资源化利用，从而产生一定的经济价值，减轻后续单元的处理负荷。

聚合物由于颗粒较小，分离难度较大。常用的分离技术包括混凝沉淀、混凝气浮和过滤技术。虽然混凝技术可使多个聚合物颗粒形成更容易分离的大粒径颗粒，但却引入混凝剂杂质，降低回收聚合物的品位，不利于工艺内回用或资源化利用。因此，宜选择不投加化学药剂的过滤工艺。在现有的过滤工艺中，多介质过滤易在回收聚合物中混入滤料，不宜采用。而纤维束过滤不仅可达到较高的过滤通量，而且不会由于滤料流失造成回收聚合物的污染，是一种适宜的聚合物颗粒截留回收技术。此外，膜过滤也是一种可行的技术。由于聚合物颗粒多处于微米级别，因此采用微滤工艺，可获得较大的过滤通量，且能耗较低。综上所述，采用纤维束过滤、膜过滤等技术可对流失到废水中的微米级聚合物颗粒进行截留回收。例如，纤维束过滤可实现腈纶废水中高分子量聚合物的截留回收。

3.4.2　聚合物混凝气浮分离技术

对于废水中难以过滤去除的聚合物（如胶乳），可通过混凝沉淀或混凝气浮进行去除。其中，混凝气浮是目前合成材料生产废水预处理中应用最多的技术。该技术首先通过投加混凝剂，将废水中的聚合物（低分子量及高分子量聚合物）凝聚成较大颗粒，然后依靠气浮单元产生的微气泡将凝聚颗粒浮除。

气浮是一种高效、快速的固-液分离或液-液分离技术，其原理是通过电解、涡凹搅拌、加压溶气等方式在废水中引入大量微小气泡，气泡通过表面张力黏附在颗粒物表面，形成相对密度小于 1 的絮状物，浮至水面，实现分离。根据气泡产生的方式不同，气浮法分为电解气浮法、涡凹气浮法和溶气气浮法，在合成材料生产废水预处理中较常采用的是涡凹气浮与溶气气浮的组合工艺或单独的溶气气浮。

涡凹气浮法通过散气叶轮高速旋转形成的真空吸气，再依靠叶轮切割形成微气泡，具有投资少、占地小、能耗低、操作和维修简便等优点。但该方法产生的微气泡直径较大（一般大于 100 μm），且生成浮渣稳定性差，出水悬浮物（suspended substance，SS）含量偏高，因此常作为溶气气浮法的预处理。

溶气气浮法先在加压条件下使空气溶于水，形成空气过饱和状态，然后减至常压，使空气析出，产生微小气泡。该方法形成的微气泡直径小，为 20～100 μm，且粒径均匀、在气浮池中上升速度很慢、对气浮池扰动较小，特别适合于聚合物凝聚颗粒的分离。

3.4.3　副产物回收技术

通过汽提、萃取等化工工艺实现废水中可资源化副产物的分离回收，从而降低废水污染物负荷，并产生一定的经济效益。

小分子挥发性副产物可采用汽提等技术进行分离回收，而难挥发性有机物可采用萃取等技术进行分离回收。各类分离技术的基本原理如下。

1. 汽提法

汽提法通过废水与水蒸气直接接触，使废水中的挥发性副产物按一定比例扩散到气相中，从而达到从废水中分离污染物的目的。汽提塔顶气相冷凝分层后实现副产物的回收，再经进一步精制可作为副产品出售。例如，PET 树脂生产废水中乙醛的回收通常采用汽提技术（李剑，2011）。

2. 萃取法

萃取法利用污染物在水和萃取剂（不溶于水或微溶于水）中溶解度或分配系数的差异，使副产物从废水转移到萃取剂中，从而实现废水中副产物的去除，再通过萃取剂的再生实现副产物的回收。为保证回收副产物的资源化潜力并降低废水处理成本，萃取剂选择是萃取工艺的关键。萃取剂选择应参照以下原则：①不与萃取污染物反应，不影响污染物下一步的资源化利用；②污染物在萃取剂中的溶解度高，在萃取剂和水之间的分配系数大；③萃取剂易与污染物分离，再生操作简单，萃取剂需求量小；④萃取剂在废水中的溶解度低，经萃取操作后，萃取剂在废水中的残留浓度低，且易去除，萃取剂流失量小。

3.4.4 强化降解技术

强化降解预处理旨在实现废水中无回收价值的有毒、难降解或高浓度有机物的强化降解去除，包括有毒废水的脱毒预处理、难降解废水的高级氧化处理和高浓度有机废水的高负荷生物处理等，从而降低集中式污水处理厂进水的处理难度。

为降低预处理单元的建设投资和运行成本，在进行强化降解前，首先需根据废水特性差异进行分质收集，从而只对有毒、难降解污染物含量高的废水进行预处理。

1. 脱毒预处理

脱毒预处理旨在选择性去除废水中有毒污染物，降低废水的生物抑制性，提高后续生物处理单元的处理负荷和运行稳定性。具体采用何种预处理技术，取决于废水中毒性污染物的组成和特性。要提高脱毒预处理的效率，关键是提高废水预处理的选择性。一方面，应通过废水分流，将高毒性废水和低毒性废水分开，从而对高毒性废水进行专门处理；另一方面，应提高预处理技术的选择性，使预处理药剂或微生物尽可能只与有毒物质作用，而不与废水中的低毒污染物以及低毒降解产物作用，从而降低废水脱毒所需的药剂或能耗。

2. 难降解废水的高级氧化处理

当合成材料生产装置排放某股低流量、高浓度、难降解有机废水，而且污染物缺乏回收价值时，可考虑对该股废水进行单独的高级氧化处理，以实现废水中难降解有机物的去除。高级氧化技术以产生具有强氧化能力的羟基自由基（·OH）为特点，在高温高压、电、声、光辐照、催化剂等反应条件下，使难降解有机物氧化成低毒或无毒的小分子物质。目前工业化应用较多的高级氧化技术包括催化湿式氧化、臭氧催化氧化、Fenton 氧化等。例如，谢怀高（2017）采用臭氧催化氧化预处理氯丁橡胶生产废水。

3. 高浓度有机废水的高负荷生物处理

当合成材料生产过程中排放某股高浓度有机废水时，可考虑进行厌氧处理，从而降低废水处理能耗和成本，并在可能的情况下回收甲烷。与传统的好氧生物处理工艺相比，去除 COD 的能耗更低，且污泥产生量更少，碳排放水平更低，处理成本也更低。例如，采用厌氧工艺处理混凝后的聚醚生产废水（王慧等，1999），采用 UASB 工艺处理 PET 生产废水等。

3.5　合成材料生产废水生物处理技术

3.5.1　A/O生物脱氮技术

A/O 生物脱氮技术可实现废水中可降解有机物和含氮污染物的生物降解去除。该工艺将缺氧段和好氧段串联起来，结合混合液回流，使废水中的氨氮转化为硝酸盐氮、亚硝酸盐氮，然后以废水中的有机物为反硝化碳源，实现硝酸盐氮、亚硝酸盐氮的反硝化去除，并实现废水中有机物的去除。例如，在 ABS 树脂生产废水的 A/O 处理工艺中，废水在缺氧段进入，其中腈类发生氨化作用，并利用腈类等反硝化碳源通过反硝化作用实现废水总氮的去除。在好氧段，通过好氧降解作用实现废水中芳香族有机物的氧化降解，并将氨氮氧化为硝酸盐氮，实现氨氮的去除。由于 ABS 树脂生产废水中反硝化碳源充足，在合适的工艺条件下，经 A/O 工艺处理后，出水氨氮可达 5 mg/L 以下，总氮可达 15 mg/L 以下。

3.5.2　基于微生物固定化的生物膜技术

通过在废水生物处理系统中投加或安装微生物固定化载体，使降解微生物在载体表面附着生长，延长微生物在废水处理系统中的停留时间，提高系统中生长缓慢的硝化细菌和难降解有机物降解菌的生物量，从而改善系统的脱氮效果和难降解有机物去除效果。生物膜内部还可形成缺氧或厌氧微环境，促进反硝化反应的进行，提高系统的反硝化效率和总氮去除效果。此外，生物载体的加入还可减少系统中悬浮生长微生物的量，降低二沉池的固体负荷，并防止污泥膨胀等问题。为提高微生物固定化效果，常采用的方法包括提高单位体积载体的比表面积、对载体表面进行改性、增强对微生物细胞和絮体的黏附能力，以及在载体内部创造微生物易于附着的水力条件等。例如，将凹凸棒土改性生物载体用于腈纶废水生物处理，污染物去除效果优于传统生物载体。

3.6　合成材料生产废水深度处理技术

3.6.1　混凝分离技术

混凝分离技术可去除生物处理出水中聚合物等大分子及颗粒态污染物，从而保障废水稳定达标排放，或为后续膜处理和臭氧催化氧化处理提供更优的进水水质，减少后续处理单元的负荷，并保证其稳定运行。

混凝是指通过投加混凝药剂使水中胶体粒子和微小悬浮物聚集的过程，是常用的废水处理单元操作。废水经混凝处理后可进一步进行沉淀、气浮或过滤等处理以实现混凝污泥与水的分离，实现废水的净化。混凝技术应用于合成材料生产废水的生物处理出水，主要基于以下考虑：①混凝可去除生物处理出水中的微生物细胞、絮体等悬浮物，并为后续膜处理工艺、臭氧催化氧化工艺提供低悬浮物进水，保障后续单元稳定运行，并降低处理成本。②混凝可去除废水生物处理出水中的磷，保障出水磷稳定达标。③混凝可去除生物处理难以去除的低分子量及高分子量聚合物。例如，对 ABS 树脂生产废水进行混凝沉淀深度处理，出水水质可满足《合成树脂工业污染物排放标准》（GB 31572—2015）特别排放限值对 COD 和磷的要求。

3.6.2　膜处理技术

当废水深度处理出水有除盐要求时，如其作为循环水补水，通常采用膜处理技术。膜过滤可去除废水中的有机物、盐等污染物，从而使处理出水达到回用水质要求。超滤-反渗透膜处理工艺是目前废水深度处理中应用最多的膜处理技术。

超滤膜滤孔直径通常在 0.002～0.1 μm，可实现胶体和较大分子的截留，减轻对反渗透膜的污染，具有分离装置简单、流程短、操作简便、易于控制和维护等特点。

反渗透膜在高于溶液渗透压的作用下，使水通过反渗透膜，而将废水中的无机离子、有机物等截留，获得低含盐量的高品质再生水。反渗透膜可截留除水外的大部分污染物，易被污染，因此废水在进入反渗透单元前通常先用超滤单元去除废水中的大部分污染物，从而保证处理系统的稳定运行。

由于聚合生产废水组成复杂，且含有较高浓度的难降解有机物和盐，因此在进行超滤-反渗透膜技术处理前，需对生物处理出水进行混凝等预处理，从而减轻膜处理单元的膜污染问题。

3.6.3 高级氧化技术

随着国家与地方排放标准不断提高，许多合成材料生产废水由于难降解有机物浓度高而难以达标。高级氧化技术可去除废水中的难降解有机物，是保障废水稳定达标排放的常用技术。在合成材料生产废水深度处理中应用最多的高级氧化技术包括臭氧催化氧化技术和 Fenton 氧化技术。

1. 臭氧催化氧化技术

臭氧本身对含不饱和键的有机物氧化能力较强，但难以将有机物彻底氧化。而在催化剂的作用下可将臭氧转化为氧化能力更强的氧化自由基，从而获得更高的有机物去除效率。臭氧催化氧化技术根据催化剂种类的不同可分为均相臭氧催化氧化和非均相臭氧催化氧化。其中，非均相臭氧催化氧化是目前应用最多的臭氧催化氧化技术，常用的非均相催化剂包括金属氧化物（MnO_2、TiO_2、Al_2O_3、CeO_2、FeOOH 等）、金属改性沸石及活性炭等。

2. Fenton 氧化技术

传统的 Fenton 氧化技术是通过亚铁盐和过氧化氢反应产生的羟基自由基（氧化电位达 2.8V）氧化废水中有机物的技术。近年来，随着研究的深入，紫外光（UV）、草酸盐（$C_2O_4^{2-}$）等被引入 Fenton 试剂中，使其氧化能力进一步增强。因此，广义的 Fenton 氧化技术是指利用催化剂或光辐射或电化学等作用使过氧化氢产生羟基自由基处理污染物的技术。

1）基于催化剂的 Fenton 氧化技术

已有研究表明，Fe^{2+}、Mn^{2+}等均相催化剂和铁粉、石墨、铁、锰的氧化物等非均相催化剂均可使过氧化氢分解产生羟基自由基。若在 Fenton 体系中加入某些络合剂（如 $C_2O_4^{2-}$、EDTA 等），可增加对有机物的去除率。

2）光助 Fenton 技术

当有紫外光辐射时，Fenton 试剂氧化性能进一步改善，因此可用于降低 Fe^{2+} 用量，提高过氧化氢利用率。

3）电 Fenton 技术

电 Fenton 技术利用电化学法产生的过氧化氢与 Fe^{2+}形成 Fenton 试剂。由于过氧化氢的成本远高于 Fe^{2+}，因此通过电化学法产生过氧化氢可大幅降低 Fenton 氧化的药剂成本。

第4章　ABS树脂生产废水污染全过程控制

ABS 树脂是五大通用合成树脂之一，为丙烯腈、丁二烯和苯乙烯三种单体的共聚物，具有良好的耐热性、耐低温性、耐腐蚀性、易加工性、刚性及电学特性，且加工尺寸稳定，易涂装、着色，表面光泽好，还可进行金属喷涂、电镀、焊接和黏接等操作，广泛应用于家电、汽车、仪表、建筑及纺织等多个领域。

随着我国家电、汽车等行业的快速发展，ABS 树脂需求量日益增加，ABS 树脂生产规模不断扩大，产量逐年提高。截至 2016 年，中国大陆共有 ABS 树脂生产企业 10 家，总生产能力 359 万 t/a，产量约 338 万 t/a，占全球产量的 35%，表观消费量为 504 万 t/a，进口量达 166 万 t/a，国内产能仍有大幅上涨的空间。

目前，工业化应用的 ABS 树脂生产工艺主要包括三类：乳液接枝掺混法、乳液接枝聚合法和连续本体聚合法。而乳液接枝掺混法又分为乳液接枝-本体 SAN 掺混法、乳液接枝-乳液 SAN 掺混法和乳液接枝-悬浮 SAN 掺混法。其中，乳液接枝-本体 SAN 掺混法由于技术成熟、产品规格丰富，且力学、着色、加工等性能优良，已成为目前 ABS 树脂的主流生产工艺，应用于全世界近 80% 的生产企业。

ABS 乳液聚合过程中产生高浓度有机废水，废水中难降解聚合物及丙烯腈等有毒有机物浓度高、末端处理难度大。21 世纪初，由于国内乳液法 ABS 树脂清洁生产水平不高，装置排放废水浓度较高，部分企业排水 COD 达 10000 mg/L 以上（余维波等，2000）。近年来，依托国家水专项等课题的实施，我国逐步形成了 ABS 树脂生产废水污染全过程控制的治理模式，废水污染得到了有效控制。

4.1　ABS树脂生产工艺及废水特征

4.1.1　ABS树脂生产工艺

乳液接枝-本体 SAN 掺混法工艺流程如图 4-1 所示，主要包括丁二烯聚合、接枝聚合、凝聚干燥、SAN 本体聚合、混炼造粒等生产工段。各工段工艺原理及废水产生过程如下。

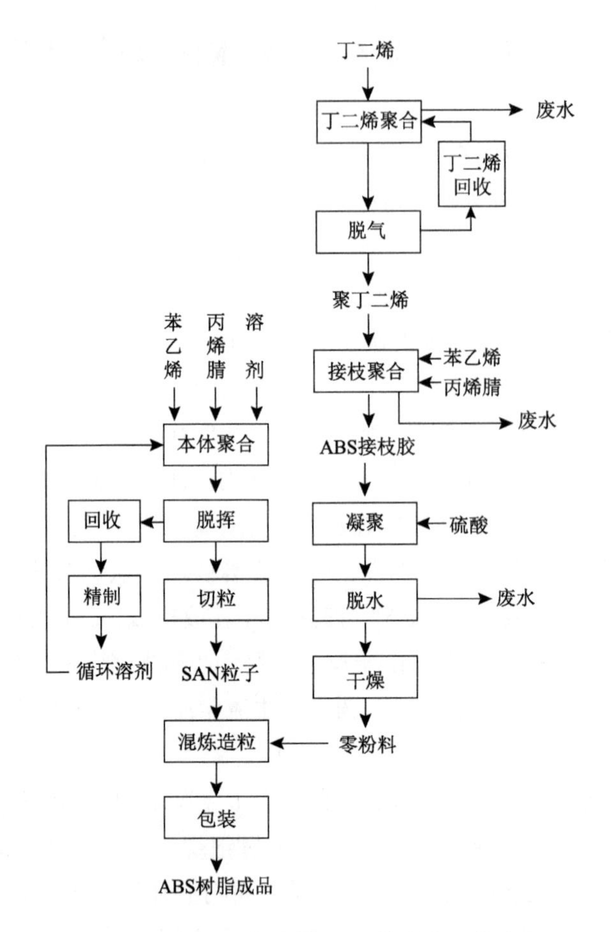

图 4-1　乳液接枝-本体 SAN 掺混法工艺流程

1. 丁二烯聚合工段

原料丁二烯经碱洗去除阻聚剂后与引发剂、乳化剂和水按一定比例加入聚合反应釜中，在一定的温度和压力下发生链增长反应，生成聚丁二烯（polybutadiene，PBL）胶乳。胶乳脱气脱除未反应的丁二烯单体后，经筛网过滤去除大粒径凝固物，然后进入胶乳储罐储存。该工段废水主要产生于每批聚合反应后反应釜的清洗、反应釜的定期清釜以及胶乳过滤器的定期清洗等过程。几股废水均为间歇排放，水量小、污染物浓度高，主要污染物为

PBL 胶乳及其凝固物。

2. 接枝聚合工段

PBL 胶乳在引发剂等作用下与苯乙烯、丙烯腈单体在一定温度下进行乳液接枝聚合反应，生成接枝聚合胶乳。接枝聚合胶乳经筛网过滤去除大粒径凝固物后，加入颜色增进剂、抗氧剂，搅拌均匀备用。该工段废水主要产生于每批聚合反应后反应釜的清洗、反应釜的定期清釜以及胶乳过滤器的定期清洗等过程。几股废水均为间歇排放，水量小、污染物浓度高，主要污染物为 ABS 接枝聚合胶乳及其凝固物。

3. 凝聚干燥工段

ABS 接枝聚合胶乳在一定温度及搅拌条件下与凝聚剂（通常为硫酸）混合，胶乳颗粒表面的阴离子乳化剂被凝聚剂中和为中性分子，胶乳颗粒表面电荷密度大幅下降，颗粒间排斥力消失，凝聚形成粉料颗粒，ABS 接枝聚合乳液转变为 ABS 接枝粉料浆液。该浆液经真空水洗过滤、脱水、破碎、干燥，再与化学品添加剂按一定比例混合，生产出含化学品粉料，最后将其送入粉料仓储存备用。在该工段，聚合物与聚合母液分离，因而排放大量高浓度废水，主要包括真空过滤系统排水、干燥器热水罐排水、淋洗塔排水、真空泵排水和尾气洗涤单元排水，废水连续排放，水量大，主要污染物为未聚合单体、反应副产物、反应助剂等溶解态污染物以及 ABS 接枝粉料和未被凝聚的聚合物颗粒。

4. SAN 本体聚合工段

在以乙苯或甲苯为循环溶剂的介质中，一定比例的苯乙烯和丙烯腈在一定温度、压力和搅拌条件下，发生连续本体聚合反应，再经脱挥、造粒生产出 SAN 粒料。该工段所用原料不含水，且反应过程不生成水，虽然 SAN 切粒机切粒用水冷却，但该废水经精滤分离 SAN 微粉，再经板式换热器冷却后可回用，因此该工段不排放工艺废水。

5. 混炼造粒工段

ABS 粉料和 SAN 粒料按照一定比例混合后经挤出机高温熔融挤出，挤出束条经水浴冷却、干燥、切粒、筛分成为 ABS 树脂成品颗粒，然后成品颗粒进入包装工段。束条冷却水浴会产生大量冷却废水，但由于 ABS 树脂不溶于水，废水中污染物浓度较低，经精密过滤和换热处理后可循环使用。

4.1.2 ABS树脂生产废水特征

ABS 树脂生产废水的水质水量特征与 ABS 树脂生产装置的清洁生产水平直接相关。文献中报道的 ABS 树脂生产废水水质情况如表 4-1 所示，其中，根据朱涛和王君明（2004）的研究吉林石化为废水量及污染物浓度较低的厂家，其废水 COD 浓度为 1840 mg/L，远低于宁波 LG 甬兴化工有限公司的 13500 mg/L，且其生产规模仍在不断扩大，行业代表性较好，因此本书对其生产废水的排放特征进行了详细研究。

表 4-1 典型 ABS 树脂生产企业废水及 COD 排放情况

序号	所属企业	生产规模 /（万 t/a）	废水产生量 /（m^3/d）	混合废水 COD 浓度 /（mg/L）	参考文献
1	宁波 LG 甬兴化工有限公司	13	平均 11040	平均 13500	余维波等，2000
2	吉林石化	10	984～1104	1000～10000，平均 3280	苏宏等，2000
3	兰州石化	5	1056	1000～3000	潘新明等，2003
4	大庆石化	5	平均 960	1700～4000	李向富，2004
5	吉林石化	18	2200	1840	朱涛和王君明，2004

典型 ABS 树脂装置废水（丁二烯聚合废水、接枝聚合废水、凝聚干燥废水和装置混合废水）常规水质指标分析结果如表 4-2 所示。丁二烯聚合废水、接枝聚合废水和凝聚干燥废水特征差异明显。丁二烯聚合废水和接枝聚合废水 COD 浓度和 SS 浓度较高，且波动范围较大；凝聚干燥废水 SS 浓度相对较低，以溶解性污染物为主。凝聚干燥废水 TN 和 TP 的浓度分别为 48.2～129 mg/L 和 42～73 mg/L，明显高于另外两股废水，且水量较大，占装置废水排放总量的 75%以上，是装置废水中 TN 和 TP 的主要来源。其中，TN 主要来自接枝聚合工段原料中未反应的丙烯腈及接枝聚合反应生成的腈类副产物，而 TP 主要来自接枝聚合工段活化剂焦磷酸钠的使用。

表 4-2　典型 ABS 树脂装置废水常规水质指标分析结果

指标	丁二烯聚合废水	接枝聚合废水	凝聚干燥废水	装置混合废水
pH	6.05～6.15	5.93～6.37	8.56～9.38	6.46～9.19
COD/（mg/L）	1240～4580	1100～4640	856～2460	1270～4350
SS/（mg/L）	319～1620	264～1920	62～800	212～1690
含盐量/（mg/L）	484～648	1050～1060	2489～3580	1123～3300
氨氮/（mg/L）	0.161～14.9	7.98～11.2	12.5～26.5	9.76～19.7
TN/（mg/L）	13.4～20.6	15.2～21.4	48.2～129	90.9～120
TP/（mg/L）	0.1～0.2	2～4	42～73	32～55

凝聚干燥废水 COD 浓度达 856～2460 mg/L，以溶解性 COD 为主，是 ABS 树脂装置废水溶解态有机物的主要来源。根据生产工艺，接枝聚合胶乳全部进入凝聚干燥工段，经凝聚、过滤分离后，聚合物之外的反应助剂、未反应单体、反应副产物等多种组分进入废水，导致凝聚干燥废水污染物组成复杂且浓度较高，检出的有机物包括苯乙酮、2-苯基-2-丙醇、丙烯腈、苯乙烯、1,3,5,7-环辛四烯、3,3-羟基丙腈、3-(二乙氨基)丙腈、3-(二甲氨基)丙腈、2-氰基乙醚、双(2-氰基乙基)胺、3,3-硫代丙二腈等多种特征有机物。凝聚干燥废水是 ABS 树脂装置废水中挥发性和半挥发性有机物的主要来源（图 4-2）。

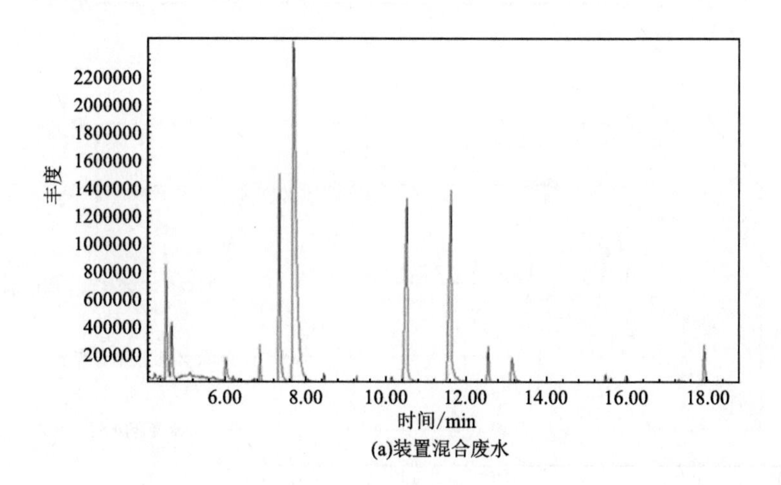

(a)装置混合废水

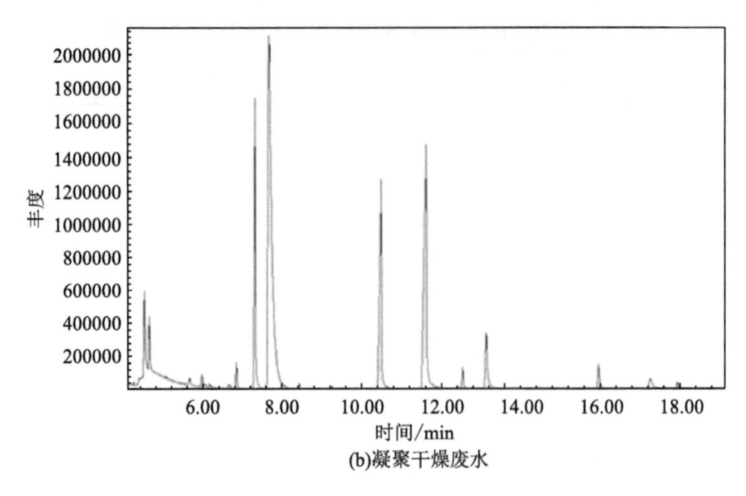

图 4-2　ABS 树脂装置混合废水和凝聚干燥废水的 GC-MS 谱图

ABS 树脂装置丁二烯聚合废水、接枝聚合废水和凝聚干燥废水的悬浮聚合物浓度均较高，且表现出不同的粒径分布特征（图 4-3）：丁二烯聚合废水和接枝聚合废水中的颗粒物主要为 PBL 胶乳和接枝聚合胶乳，其粒径较小，平均粒径分别约为 300 nm 和 400 nm，且颗粒表面乳化剂分子处于电离状态，电荷密度高，Zeta 电位低（平均分别约为−66 mV 和−56 mV），难以自然絮凝沉淀；凝聚干燥废水中的颗粒物主要为凝聚后随废水排出的 ABS 粉料，其粒径较大，平均约为 100 μm。

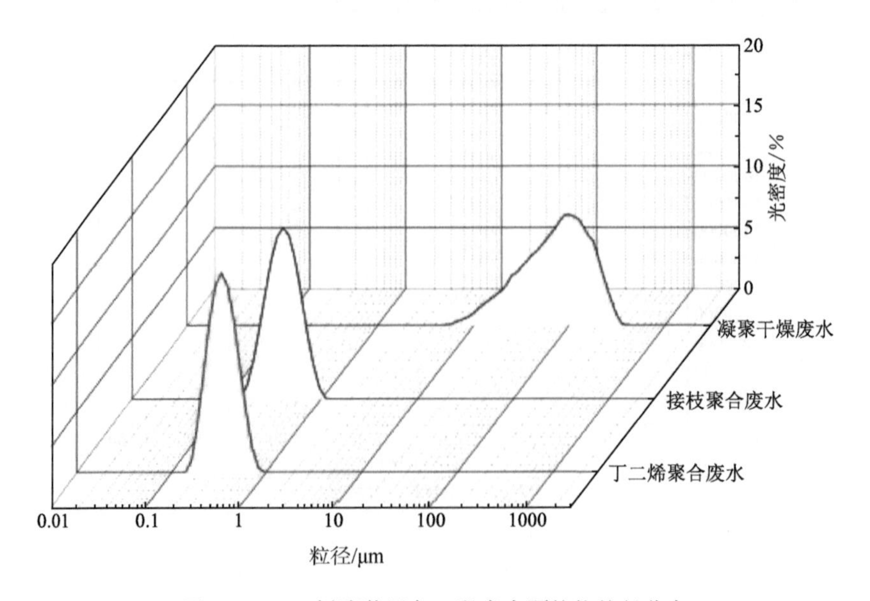

图 4-3　ABS 树脂装置各工段废水颗粒物粒径分布

4.1.3　ABS树脂生产废水污染全过程控制关键污染物

1. 具有回收价值的污染物

ABS 树脂生产废水含有高浓度聚合物胶乳及粉料，其中 PBL 胶乳、ABS 接枝胶乳和粉料都是中间产品，如果其能回收并回用到生产过程将提高产品收率，并降低废水中难降解污染物含量，减少后续废水处理需去除的聚合物胶乳及粉料量，减少混凝气浮工段的药剂成本。按照 18 万 t/a ABS 树脂装置，废水中聚合物胶乳、粉料浓度平均为 800 mg/L 计算，水量为 80 t/h，设计运行时间为 8000 h，则每年可回收聚合物胶乳及粉料 512 t，按照接枝料与 SAN 料比例为 1∶3 计算，可提高产量 1.1%。按照 ABS 接枝粉料价值 18000 元/t，每增收 1 t ABS 树脂产品，收益为 1000 元计算，废水中接枝粉料的回收和产品增收每年可带来 1126 万元的产值，回收价值较高。

2. 具有生物抑制性的污染物

丁二烯聚合废水、接枝聚合废水和凝聚干燥废水的活性污泥耗氧速率抑制率试验表明，在非破乳条件下，丁二烯聚合废水对活性污泥耗氧速率有微弱抑制，抑制率为 8%～11%，接枝聚合废水和凝聚干燥废水未显示出抑制作用。而在破乳条件下，胶乳废水生物抑制性显著提高：当存在 12.5 mg/L 的硫酸铝钾时，0.4～3.2 g/L 的胶乳（以 COD 计）对活性污泥耗氧速率抑制率都提高至 77%～81%（图 4-4）。由于活性污泥絮体主要由微生物细胞、胞外聚合物（extracellular polymer，EPS）、无机颗粒等组成，表面带负电荷，容易吸附多价阳离子，而多价阳离子会起到吸附架桥作用，将表面带负电荷的胶乳颗粒吸附于活性污泥表面，进而影响污泥的传质性能和沉降性能，导致活性污泥耗氧速率抑制率上升，而且多价阳离子的含量很少时就会产生这种不利效应。

ABS 树脂生产废水混凝气浮单元处理效果对生物处理单元出水水质的影响（图 4-5）进一步印证了聚合物胶乳对生物处理的影响。当混凝气浮单元处理效果波动时，气浮出水 SS 浓度较高，平均值为 154 mg/L，致使废水中大量胶乳、粉料等难降解聚合物进入生物处理单元，生物处理出水 COD 浓度平均值为 110 mg/L，SS 浓度平均值为 39 mg/L。当混凝气浮单元对废水中胶乳、粉料等悬浮物去除效果增强，处理效果稳定时，气浮出水 SS 浓度平均值降至 23 mg/L，生物处理出水 COD 浓度平均值为 60.4 mg/L，SS 浓度平均值为 17 mg/L。

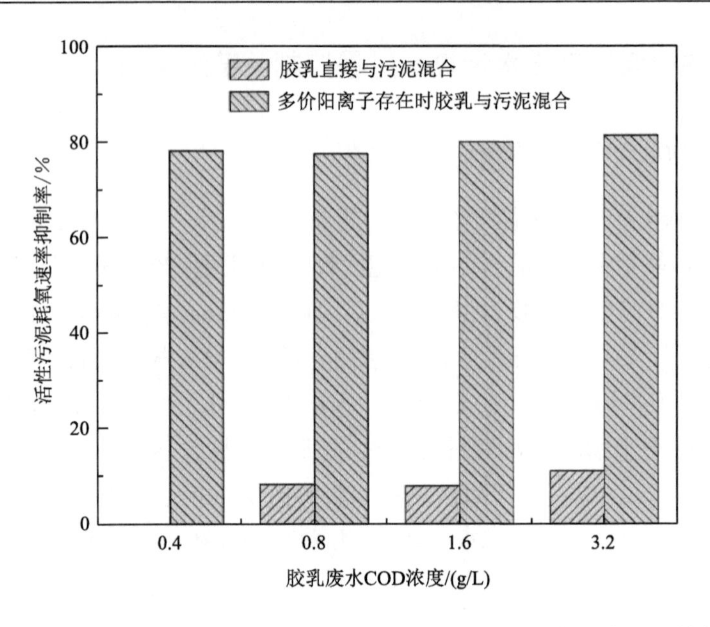

图 4-4　$KAl(SO_4)_2$ 投加前后不同含量胶乳对活性污泥耗氧速率的抑制率

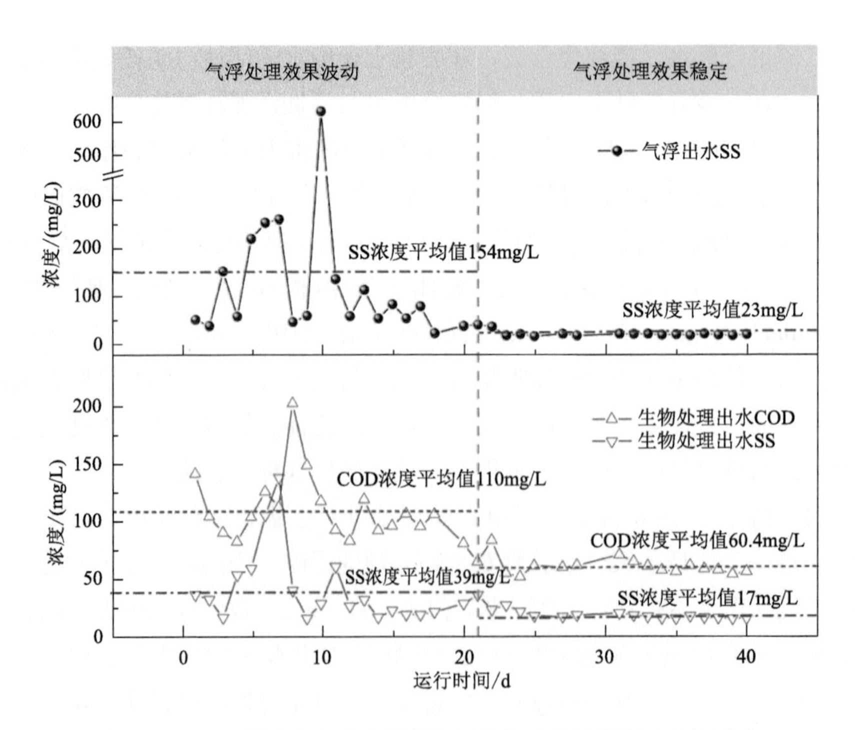

图 4-5　ABS 树脂生产废水混凝气浮效果对生物处理出水的影响

由于胶乳聚合物难以生物降解，因此进入生物处理单元的胶乳将吸附到活性污泥絮体上或直接穿透生物处理单元进入出水，导致出水 COD 浓度升高。胶乳吸附到活性污泥絮体表面会对活性污泥微生物呼吸速率产生明显抑制，影响废水中溶解性可降解有机物的去除。水中少量多价阳离子存在，就会导致进入生物处理单元的胶乳吸附在活性污泥表面，影响污泥传质性能和沉降性能，进而影响生物处理系统的效率和运行稳定性。因此，聚合物胶乳是 ABS 树脂生产废水产生生物抑制性的主要污染物。

3. 生物处理出水超标污染物

1）生物处理出水水质

某 ABS 树脂生产废水处理工程生物处理单元出水水质与排放标准限值如表 4-3 所示。ABS 树脂生产废水经混凝气浮-A/O 工艺处理后生物处理出水中五日生化需氧量可稳定达到《合成树脂工业污染物排放标准》（GB 31572—2015）的特别排放限值，但出水中化学需氧量、氨氮、总氮、总磷、悬浮物等难以稳定达到标准规定的排放限值或特别排放限值，是影响废水稳定达标的关键污染物。

表 4-3　某 ABS 树脂生产废水处理工程生物处理单元出水水质与排放标准限值

序号	指标	生物处理出水	GB 31572—2015	
			排放限值	特别排放限值
1	pH	7.31～7.78	6.0～9.0	6.0～9.0
2	悬浮物/（mg/L）	33.4	30	20
3	化学需氧量/（mg/L）	52～91	60	50
4	五日生化需氧量/（mg/L）	4～7	20	10
5	氨氮/（mg/L）	2～29	8.0	5.0
6	总氮/（mg/L）	15～60	40	15
7	总磷/（mg/L）	5～8	1.0	0.5

生物处理进出水的 GC-MS 分析结果（图 4-6）表明，ABS 树脂装置废水中检出的挥发性、半挥发性有机物得到充分去除。生物处理出水有机物以颗粒态及难挥发性有机物为主。

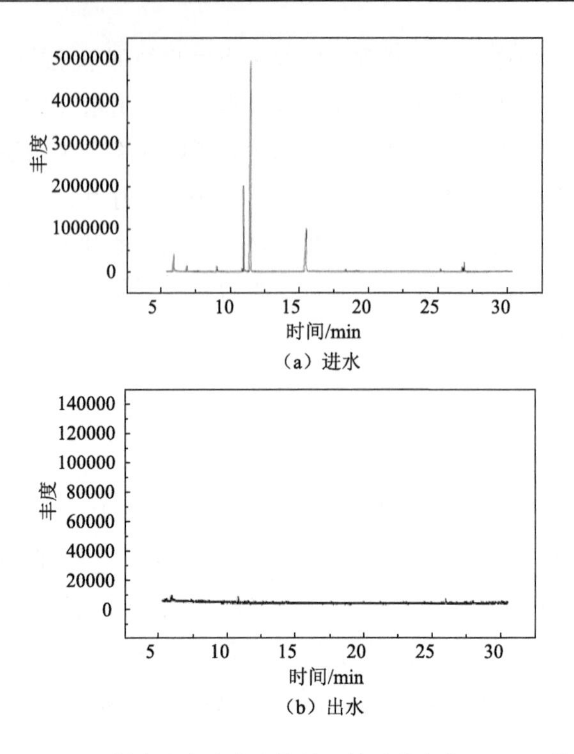

（a）进水

（b）出水

图 4-6　ABS 树脂生产废水生物处理单元进出水 GC-MS 谱图

2）废水有机物生物降解性

A. 好氧降解性

ABS 树脂装置废水有机物好氧降解试验（图 4-7）表明，ABS 树脂生产废水中大部分有机物可生物降解。经 28 d 降解后 COD 去除 83.6%、TOC 去除 87.5%，而且 TOC 和 COD 去除率第 6 d 即分别达 85.2%和 82.8%。

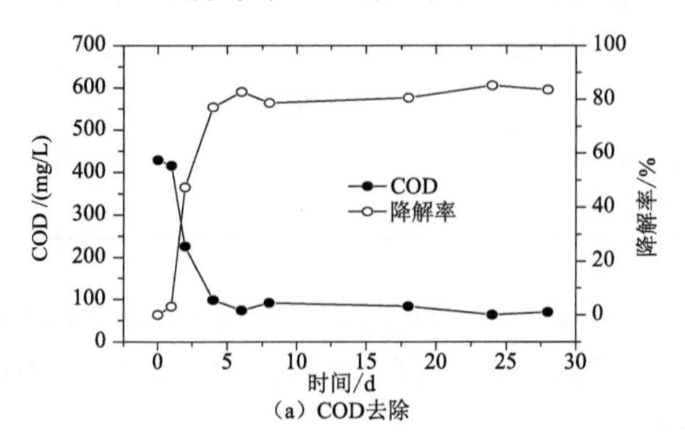

（a）COD去除

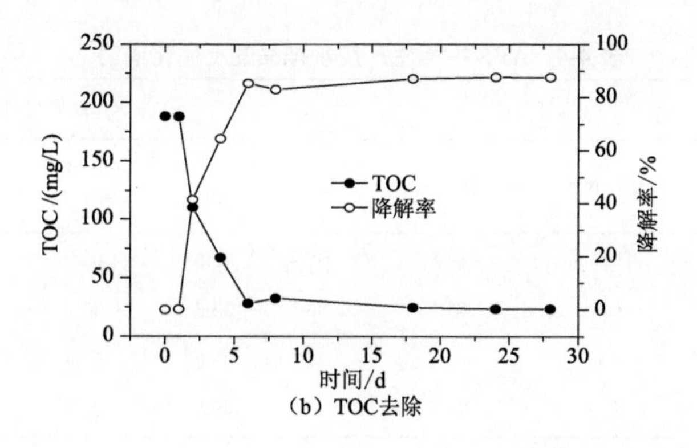

（b）TOC去除

图 4-7　ABS 树脂装置废水有机物好氧降解试验

B. 反硝化降解性

ABS 树脂装置废水反硝化试验（图 4-8）表明，ABS 树脂生产废水中大部分有机物反硝化降解性能较好，可作为反硝化碳源，且含有多种不同降解性能的有机物。

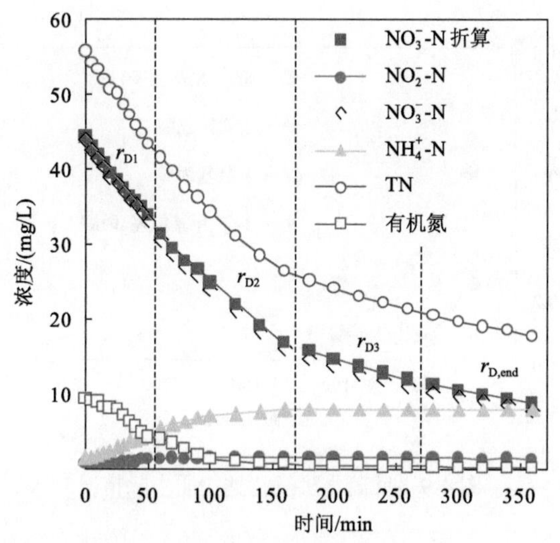

图 4-8　ABS 树脂装置废水反硝化试验中氮浓度变化情况

计算得到不同 ABS 树脂生产废水样品的反硝化潜势，结果如表 4-4 所示。

对比废水总氮和反硝化潜势，ABS 树脂生产废水反硝化碳源充足，在适合的工艺条件下，不需外加碳源，也可获得较高的脱氮效率。因此，要保证出水氨氮和总氮稳定达标，关键在于废水生物处理工艺条件的优化控制。

表 4-4　ABS 树脂生产废水样品的反硝化潜势　（单位：mg/L）

水样编号	水样浓度				反硝化潜势			
	溶解性 COD	NH_4^+-N	有机氮	总氮	快速降解有机物	较快降解有机物	慢速降解有机物	总潜势
1	936	11.5	84.8	98.4	43.6	62.2	7.5	113.3
2	755	11.2	73.1	86.1	33.2	47.7	14.5	95.4
3	1040	14.4	90.6	107	49.0	67.4	20.0	136.4
4	1040	15.1	93.9	111	49.7	75.8	19.1	144.6

反硝化过程中，四种腈类物质均在 180 min 内完成大部分降解（图 4-9），且与有机氮降解、NH_4^+-N 浓度升高、溶解性 COD（SCOD）浓度和 NO_3^--N 浓度下降过程相对应（图 4-10）。因此，腈类物质是 ABS 树脂装置废水反硝化过程中的重要碳源。

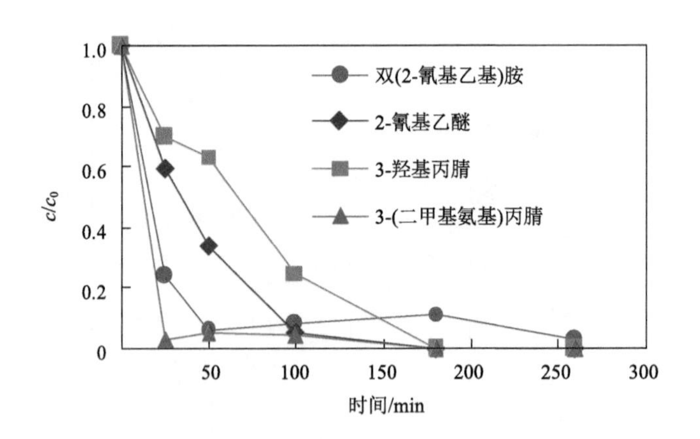

图 4-9　反硝化阶段腈类物质去除情况

水样三维荧光光谱有两个荧光峰（图 4-10），分别位于 $\lambda_{Ex}/\lambda_{Em}$ 为 225 nm/340 nm（B 峰）和 275 nm/340 nm（A 峰）处，均为芳香族有机物特征荧光峰。在反硝化过程中，两个荧光峰的荧光强度未发生明显变化，而当混合液中通入空气呈好氧状态后，两个荧光峰的荧光强度均出现明显下降，并与 SCOD 的去除相对应。这表明该废水中芳香族有机物的苯环结构在反硝化条件下未能降解，而在好氧条件下可快速降解。

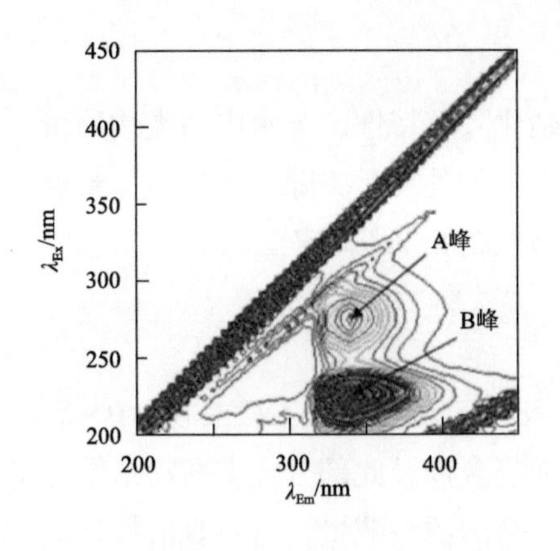

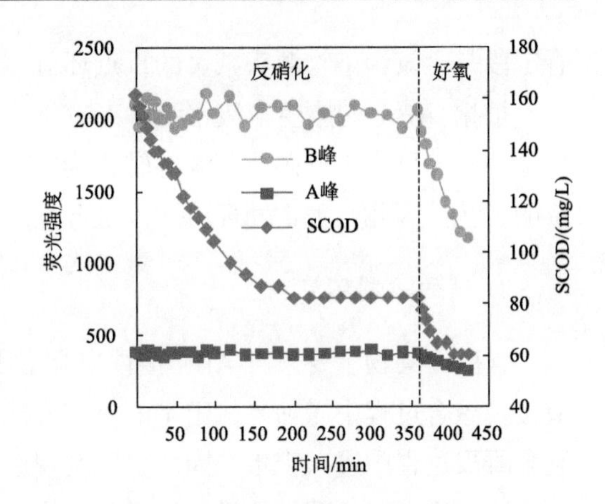

图 4-10　不同反应条件下废水荧光强度及 SCOD 变化情况

综上所述，根据 ABS 树脂生产废水排放特征及废水特性分析，该废水污染控制的关键污染物包括聚合物（胶乳及粉料）、氮（氨氮及腈）和磷（磷酸盐）等。

4.1.4　ABS树脂生产废水关键污染物的控制环节

1. 聚合物的控制环节

聚合物的主要控制环节是生产环节及废水预处理环节。根据 ABS 树脂装置废水水质水量特征，废水中聚合物分为胶乳和粉料两类，其中，胶乳主要来自丁二烯聚合工段和乳液接枝工段的聚合反应釜清洗和清釜操作及胶乳过滤器的清洗操作；聚合物粉料主要来自凝聚干燥工段。因此，乳液聚合反应釜、胶乳过滤器及凝聚干燥工段是聚合物源头减量的重点环节。废水混凝气浮单元是 ABS 树脂生产废水预处理的常用单元，也是废水中聚合物控制的重点环节。

2. 氮的控制环节

ABS 树脂生产废水中的含氮污染物主要为丙烯腈、2-氰基乙醚、双(2-氰基乙基)胺、3,3′-硫代二丙腈等腈类物质，来自 ABS 接枝聚合工段，排放于凝聚干燥工段。其中，丙烯腈为原料单体，2-氰基乙醚、双(2-氰基乙基)胺、3,3′-硫代二丙腈等为反应副产物。因此，要实现含氮污染物的源头减量，应提高乳液接枝工段的反应效率，提高丙烯腈的利用率，减少副反应发生。因此，ABS 接枝聚合工段是含氮污染物源头减量的重点环节。

根据 ABS 树脂生产废水溶解态有机物反硝化降解特性，废水中腈类物质可生物降解，可作为反硝化碳源并转化为氨氮，而生物处理是去除低浓度氨氮最经济的工艺。因此，生物处理单元也是含氮污染物控制的重点环节。

3. 磷的控制环节

含磷污染物主要来自 ABS 接枝聚合工段，排放于凝聚干燥工段。在 ABS 乳液接枝聚合过程中需加入一定量的焦磷酸盐作为螯合剂，此部分焦磷酸盐最终在胶乳凝聚过程中进入废水。因此，要实现废水中磷的源头减量，可对乳液接枝聚合工段的焦磷酸盐进行替代，如用乙二胺四乙酸盐等替代。

进入废水的磷可在混凝气浮单元去除，也可在废水生物处理单元去除，还可在混凝深度处理单元去除。由于 ABS 树脂生产废水含磷量高，因此应主要依靠预处理单元和深度处理单元的混凝除磷。

因此，含磷污染物控制重点环节包括 ABS 接枝聚合工段、废水预处理单元和深度处理单元。

4.2 ABS树脂生产废水污染全过程控制技术策略

在 ABS 树脂生产废水产排特征、组成分析和污染全过程控制关键污染物识别与控制环节确定的基础上，提出了 ABS 树脂生产废水污染全过程控制技术策略（图 4-11）。

在工艺替代方面，由于乳液接枝-本体 SAN 掺混法的主要产污环节在乳液聚合单元，因此在技术成熟的条件下，可考虑将生产工艺改造为低废水产生量的连续本体聚合工艺。

在生产过程污染物源头减量环节，聚合物胶乳可在丁二烯聚合和乳液接枝聚合单元进行源头减量，聚合物粉料可在凝聚干燥单元进行源头减量，含磷、含氮污染物可在接枝聚合单元进行源头减量。

在废水预处理环节，丁二烯聚合废水、接枝聚合废水、凝聚干燥废水可考虑进行分质处理，以提高效率、降低成本并提高回收物料的资源化价值。聚合物胶乳、粉料和含磷污染物可在混凝气浮预处理单元进行强化去除。

在废水生物处理环节，重点实现溶解态有机物及氮的生物降解去除。

在废水深度处理环节，重点对影响出水水质达标的 TP、COD 和 SS 进行进一步去除。

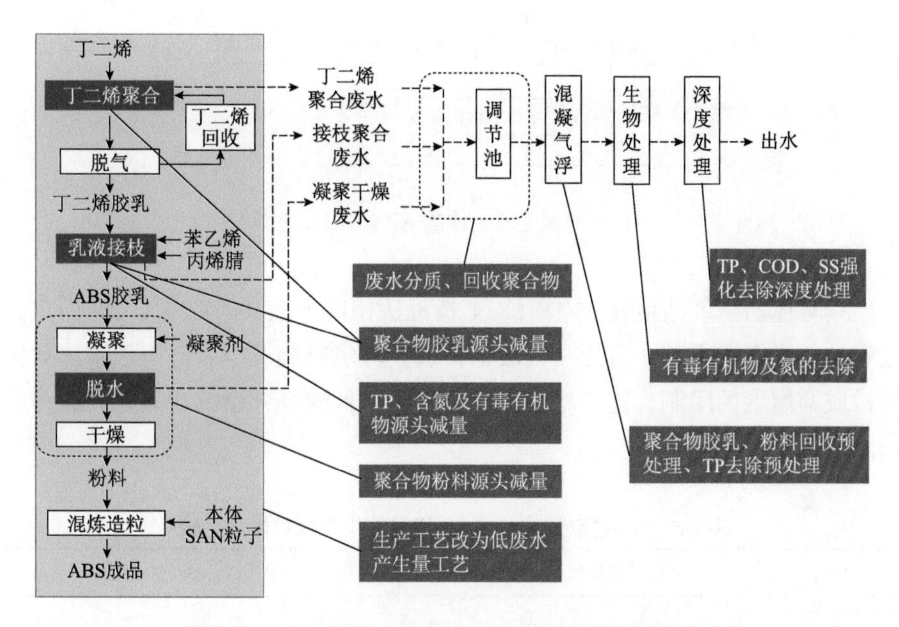

图 4-11　ABS 树脂生产废水污染全过程控制技术策略

4.3　ABS树脂生产废水源头控制

4.3.1　ABS树脂低污染生产工艺

1. 工艺路线及原理

将以水为反应介质的乳液聚合改成以单体和有机溶剂为反应介质的本体聚合，即连续本体法 ABS 树脂生产工艺，可从源头上实现废水减量。该工艺是另一种工业化应用的 ABS 树脂生产主流工艺，通过增韧橡胶原料和单体直接反应生成 ABS 树脂聚合物。其工艺过程（图 4-12）如下：①将增韧橡胶溶于单体和少量溶剂中进行接枝聚合，随着聚合反应的进行，形成溶解于单体中的接枝橡胶和 SAN 两个独立相溶液；②随着聚合反应的进一步加深，发生相转变，SAN 成为连续相，接枝橡胶成为分散相；③通过进一步反应获得适当的接枝橡胶粒径和界面相容性，并增加接枝橡胶粒子强度；④脱挥，造粒得到 ABS 树脂产品（陆书来等，2003）。

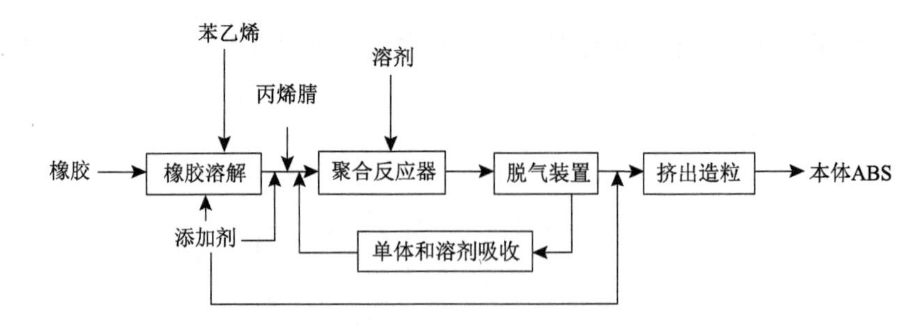

图 4-12　典型连续本体法 ABS 聚合工艺流程

连续本体法与乳液接枝-本体 SAN 掺混法相比（表 4-5），其工艺简单，建设投资和总生产成本低，且无“三废”排放，环境影响较小。但由于单体对聚丁二烯橡胶溶解度的限制，连续本体法仅适合生产低橡胶含量的产品，产品多样化受局限。

表 4-5　乳液接枝-本体 SAN 掺混法与连续本体法比较

项目	乳液接枝-本体 SAN 掺混法	连续本体法
橡胶含量	高	低（<20%）
橡胶形态	交联，粒径和分散良好	无凝胶，粒径和分散不理想
橡胶粒径	一般较小	一般较大
单体回收方式	汽提	真空高温脱挥
聚合物得到方式	复杂，需凝聚、干燥、造粒	简单，单体回收后造粒即可
环境影响	有废水、废气产生	无“三废”排放
产品牌号	产品易实现多样化	在产品多样化方面有局限性

2. 影响因素及工艺参数

1）聚合反应釜

大部分连续本体法工艺采用 3～5 个反应釜串联的反应釜体系，反应釜可以是搅拌槽式、塔式、管式或组合式，通过严格控制各反应釜的反应温度，调节橡胶接枝率和橡胶粒径，控制单体转化率在 70%～95%，然后脱挥发分，再经挤出机二次脱挥发分和造粒得到 ABS 树脂产品（任美红等，2007）。美国陶氏（Dow）化学公司本体聚合工艺采用多个串联活塞流反应釜（PFR）；日本三井东亚株式会社和德国拜耳公司工艺均采用多个串联连续搅拌槽式反应釜

（CSTR）；美国通用公司工艺采用 PFR-CSTR-PFR 串联反应器；美国孟山都（Monsanto）公司工艺采用两个串联的反应釜（第一反应釜为搅拌槽式，第二反应釜为卧式分段恒压）；中化国际新材料公司工艺采用包含主进料和次进料两个反应过程的本体聚合，其中主进料采用 4 个串联 PFR，次进料采用 1 个 PFR（梁成锋，2007）；上海华谊聚合物有限公司采用 4 个串联 CSTR 反应器的本体聚合工艺。

2）生产配方及聚合反应条件

连续本体法 ABS 树脂典型生产配方及聚合反应条件如表 4-6 所示，可以看出，该树脂的橡胶含量多在 5%～20%。连续本体法的生产成本低于同等产品的乳液接枝-本体 SAN 掺混法工艺（表 4-7）（陆书来等，2003）。

表 4-6　连续本体法 ABS 树脂典型生产配方及聚合反应条件

项目	原料名称	配方范围	典型配方
配方	橡胶	5%～20%	12%
	苯乙烯	50%～90%	66%
	丙烯腈	8%～48%	22%
	引发剂	0.001%～0.5%	0.1%
	链转移剂	0.001%～1.0%	0.1%
	溶剂	2%～20%	15%
	其他	0%～10%	1%
聚合反应条件	聚合反应温度：80～165℃		
	搅拌速度：30～150r/min		
	停留时间：0.5～10h		
	聚合转化率：60%～95%		

表 4-7　乳液接枝-本体 SAN 掺混法和连续本体法 ABS 树脂经济性比较

指标	项目	乳液接枝-本体 SAN 掺混法	连续本体法
装置能力/（万 t/a）		5	5
投资/10^6美元	界区内	55.1	29.7
	界区外	22.0	12.7
	其他项目费用	19.3	10.6

续表

指标	项目	乳液接枝-本体 SAN 掺混法	连续本体法
生产成本/（美分/kg）	总投资	96.4	52.9
	原料	78.7	92.8
	公用工程	3.5	0.9
	可变成本	82.2	93.7
	人工费	2.6	1.8
	材料费	2.6	1.5
	管理费、保险等	3.1	2.0
	资产税、环保费等	2.2	1.3
	总直接成本	92.8	100.3
	装置折旧	17.0	9.3
	出厂成本	110.0	109.6
	使用资本收益率/%	9.6	5.5
总生产成本/（美分/kg）		131.2	121.7

目前，我国已建成多套连续本体法 ABS 树脂生产装置。高桥石化公司和辽宁华锦化工（集团）有限责任公司引进 Dow 化学技术，分别建设 20 万 t/a 和 14 万 t/a 连续本体法 ABS 装置。奇美（镇江）公司采用中化集团中化国际新材料公司技术，建成 10 万 t/a 装置。上海华谊聚合物有限公司采用自有技术，建成 3.8 万 t/a 装置。

4.3.2 乳液聚合反应釜清洗废水再利用

丁二烯聚合反应釜和 ABS 接枝聚合反应釜均采用间歇操作，每批聚合反应完成后，都要对反应釜进行清洗，清洗废水含有高浓度胶乳，直接排放将造成产品收率下降、废水处理难度增大和处理成本升高。将清洗废水过滤去除凝固物后与相应的聚合物胶乳混合，然后再进行后续的接枝聚合或凝聚干燥，在一定掺加比例下对产品质量无不利影响，而且可实现废水中聚合物的再利用，提高产品收率，并降低废水处理难度和成本。

要使反应釜清洗水的再利用不影响现有工艺的稳定运行，必须保证以下两方面：一是清洗水的加入对聚合胶乳浓度的影响足够小，不会影响后续乳液接枝聚合或凝聚干燥生产过程；二是与胶乳混合前要去除清洗水中含有的凝固物等可能影响产品品质的组分。

因此，首先反应釜应采用脱盐水清洗，以防止清洗水中的溶解性离子对胶乳产生不利影响；其次，清洗水与聚合胶乳混合前应进行过滤处理，以去除大块凝固物，防止其对后续乳液接枝和凝聚干燥过程产生不利影响；同时还要将清洗水的掺加比例控制在可接受的范围之内。兰州石化开展清洗废水掺加比例的小试、中试和工业化试验（潘新明等，2003；高泽远，2017）。工业化试验表明，丁二烯聚合反应釜清洗废水中胶乳掺加量在 3.3%以下，对接枝聚合的反应进程、挂胶率、单体转化率、残留单体含量、特性黏数、接枝度及最终 ABS 树脂产品的性能无不利影响（表 4-8、表 4-9）。接枝聚合反应釜清洗废水掺加量在 3%以下对 ABS 树脂产品性能无不利影响（表 4-10）。

表 4-8　丁二烯聚合反应釜清洗废水再利用对接枝聚合反应峰温和接枝胶乳性能的影响

试验批次	胶乳掺加量/%	一次峰温/℃	二次峰温/℃	接枝度/%	特性黏数	异丙醇凝聚物含量/%	丙烯腈残余浓度/%	苯乙烯残余浓度/%
RF 型要求		>76		76～85	0.3～0.4	36～40	0.2～0.4	0.5～1.0
RF1	0.97	77.0		84.5	0.40	36.28	0.44	0.76
RF2	2.48	77.9		81.0	0.40	37.99	0.17	0.99
RB 型要求		81～85	81～85	62～71	0.45～0.55	39～41	0.2～0.4	0.4～0.7
RB1	1.29	82.9	81.4	70.0	0.52	39.42	0.31	0.57
RB2	3.30	83.5	84.0	64.0	0.48	40.57	0.11	0.65

表 4-9　丁二烯聚合反应釜清洗废水再利用对 ABS 树脂产品性能的影响

产品批次	冲击强度/（J/m）	熔融指数/（g/10min）	弯曲弹性模量/GPa	维卡软化点/℃	静弯曲强度/MPa	拉伸强度/MPa	洛氏硬度
301 型优级品	≥215	1.3～2.3	≥2.2	≥96	≥63	≥37	≥103
20031188	246	1.7	2.40	96.3	65.2	42.2	107
20032194	242	1.6	2.40	96.1	65.2	42.4	107
20033197	234	1.7	2.39	96.1	65.5	43.0	107
20034193	253	1.4	2.40	97.8	66.5	43.0	107

表 4-10 ABS 接枝聚合反应釜清洗废水再利用对 ABS 树脂产品性能的影响

产品批次	冲击强度 /（J/m）	熔融指数 /（g/10min）	弯曲弹性模量 /GPa	维卡软化点 /℃	静弯曲强度 /MPa	拉伸强度 /MPa	洛氏硬度
301 型优级品	≥215	1.3～2.3	≥2.2	≥96	≥63	≥37	≥103
20031191	228	2.0	2.43	97.1	66.8	41.4	108
20032196	234	1.9	2.43	96.2	66.8	41.4	108
20033199	244	2.0	2.36	96.1	63.1	43.0	108
20034196	240	1.7	2.36	97.2	63.1	43.0	108

该技术已应用于兰州石化、吉林石化 ABS 树脂生产装置，实现丁二烯聚合反应釜和接枝聚合反应釜清洗废水的全部减排，无二次污染，且可提高接枝聚合胶乳、粉料及最终 ABS 树脂产品的产量。与清洗废水排放相比，该工艺不增加生产成本，且可降低废水处理成本。兰州石化 5 万 t/a ABS 树脂装置混合废水 COD 源头减量约 23%，由 2000 mg/L 下降至约 1540 mg/L，每年分别回收利用 PBL 胶乳和接枝聚合胶乳约 16 t 和 82 t。

4.3.3 乳液聚合反应釜清釜周期延长

ABS 树脂装置的丁二烯聚合和接枝聚合均采用批式乳液聚合工艺，每批聚合结束后的清洗操作无法将釜内挂胶完全清除，残留挂胶不断积累，最终导致釜壁换热效果下降，聚合反应的温度控制受到影响。此时，需要进行聚合反应釜清釜操作，并会排放含高浓度胶乳的清釜废水。在聚合反应釜清洗废水全部回用于生产过程的情况下，反应釜清釜操作及胶乳过滤器清洗操作成为装置胶乳废水的主要来源，而要减少清釜废水及胶乳过滤器清洗废水排放量，应减少反应釜内的挂胶量及凝固物生成量。因此，要实现对胶乳废水的源头减量，必须研究开发防止聚合反应釜挂胶，进而延长清釜周期的方法。

前期对吉林石化、大庆石化、兰州石化三家 ABS 树脂生产企业的接枝聚合反应釜内件、运行方式、清釜周期等情况进行了调研，结果如表 4-11 所示。由表 4-11 可知，尽管三家企业釜内件、清洗方式均不完全相同，但三家企业普遍存在清釜周期较短的问题，清釜废水排放量大。

表 4-11　典型 ABS 树脂生产企业 ABS 接枝聚合反应釜情况

企业名称	生产规模/（万 t/a）	接枝聚合反应釜内件	清洗方式	清釜周期/批次
大庆石化	10	桨式搅拌器，6 根撤热柱起到挡板作用	每批聚合后不清洗	6
吉林石化	18	双螺带搅拌器、无挡板	每批聚合后自动清洗	30
兰州石化	2	三叶后掠式搅拌器，两块指形挡板	每批聚合后人工清洗	21

1. 技术原理

在乳液聚合过程中，乳液稳定性下降致使胶乳颗粒聚结生成凝固物是釜壁挂胶的根本原因。因此，要减少釜壁挂胶，延长清釜周期，必须提高聚合乳液稳定性，减少凝固物生成量。提高聚合乳液的稳定性，关键是保证处于生长状态的胶乳颗粒表面维持乳化剂的供需平衡，乳化剂组成及投加量、聚合反应方式、聚合反应温度、单体投加速率、引发剂类型及投加速率、搅拌、反应杂质等都是影响乳液聚合体系稳定性的重要因素。此外，强化反应釜清洗效果也是减少釜壁挂胶积累、延长清釜周期的重要手段。由于不同生产装置工艺流程、工艺条件和反应器形式均有差异，针对清釜周期短的问题，应结合装置的具体情况，识别导致反应釜挂胶的主要原因，进而采取针对性措施。

作者团队对吉林石化 ABS 树脂接枝聚合反应釜挂胶的问题进行了原因排查和系统分析，发现原有双螺带搅拌器选型不适合是聚合反应釜内搅拌效果差、混合传热不理想、釜壁挂胶的主要原因。通过搅拌器优化，改善釜内混合传热效果，减少凝固物生成量和釜壁挂胶量，延长清釜周期，可实现清釜废水的源头减量。

2. 传统双螺带搅拌器存在的问题

1）凝固物及釜壁挂胶组成

凝固物和釜壁挂胶均为破乳后树脂颗粒的聚集体。但由于接枝聚合反应更容易在颗粒表面进行，因此聚集体内部的接枝率较低，导致凝固物和釜壁挂胶的平均接枝率低于正常接枝的 ABS 胶乳。傅里叶变换红外光谱分析结果（图 4-13）也表明，釜壁挂胶和凝固物的丙烯腈特征峰（2238 cm^{-1}）和苯乙烯特征峰（700 cm^{-1}）处的透光率相对峰值，显著低于正常接枝的 ABS 胶乳。上述结果也表明，凝固物生成和釜壁挂胶具有密切关系，凝固物可能是釜壁挂胶的重要前体物。

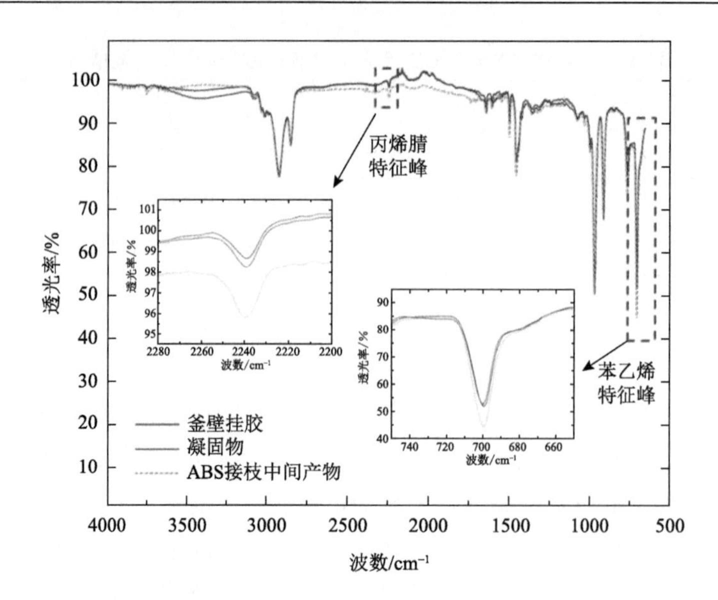

图 4-13　接枝聚合反应釜内悬浮凝固物和釜壁挂胶与正常接枝的 ABS 胶乳红外光谱对比

2）釜内流场分布

对反应釜原有双螺带搅拌器条件下的流场进行模拟，结果如图 4-14 所示。结果表明，流速整体呈现内螺旋螺带以内的中心区域低、内螺旋螺带与外螺旋螺带之间区域高的特征，且外螺旋螺带位置流速更高。内螺旋螺带与外螺旋螺带中间区域形成由上到下 4 个小范围的径向和轴向返混，但未形成整个反应釜的大片返混，而且中心轴附近基本不参与聚合反应釜内流动循环，混合效果较差。

在反应釜各水平面内，周边速度较快，中心轴附近速度较慢[图 4-14（d）、（e）]。由图 4-14（f）可知，在通过旋转轴的三个不同竖直截面上，切向速度与到中心轴的距离成正比，表明各点绕中心轴转动的角速度相同，整个反应液呈现整体打漩的状态。这种整体打漩的流动不利于反应釜内物料的混合和反应，进而影响反应釜内的混合传热效果。

反应釜的换热效果与釜内对流效果密切相关。由于内螺旋螺带以内区域未参与釜内反应液整体的循环流动，其无法直接与间隔换热夹套的釜壁接触，因此传热效果较差。温度场模拟结果也验证了这一点。

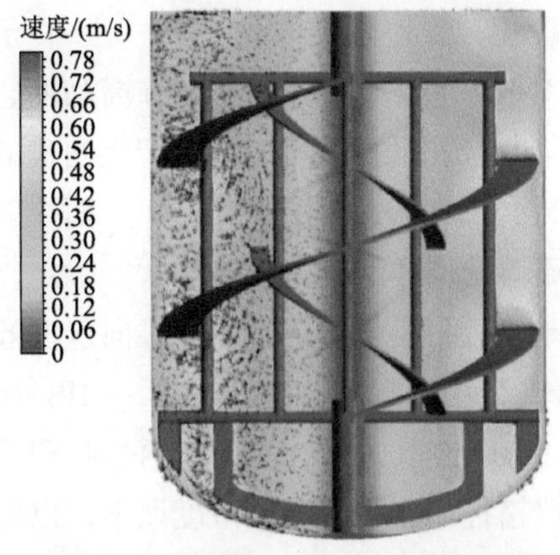

(a)锚桨所在竖直平面(y=0)内的速度矢量图和云图

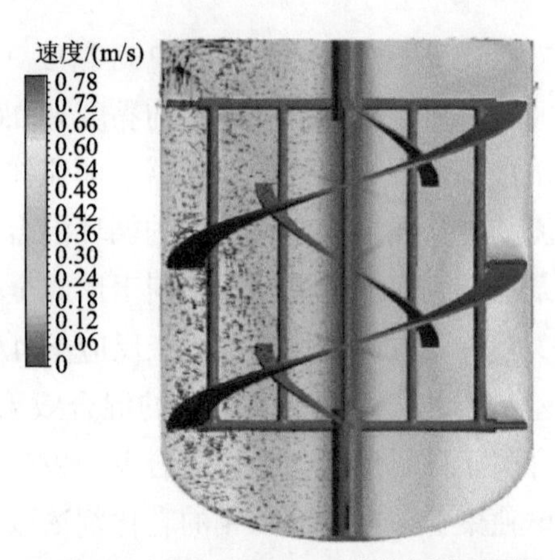

(b)外螺带起始点所在竖直平面(x=0)内的速度矢量图和云图

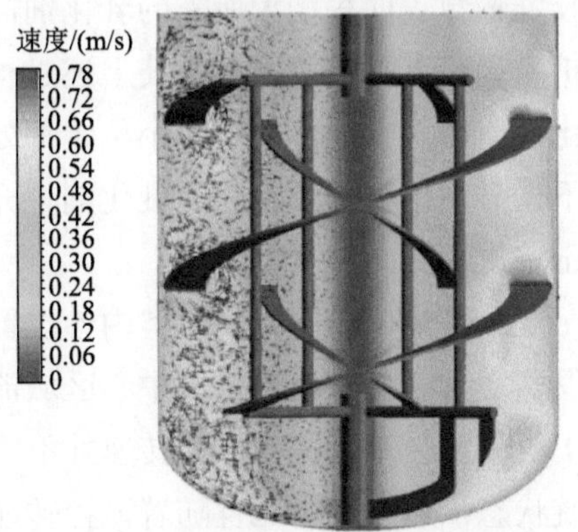

(c)内外螺带起始点中间竖直平面(y=x)内的速度矢量图和云图

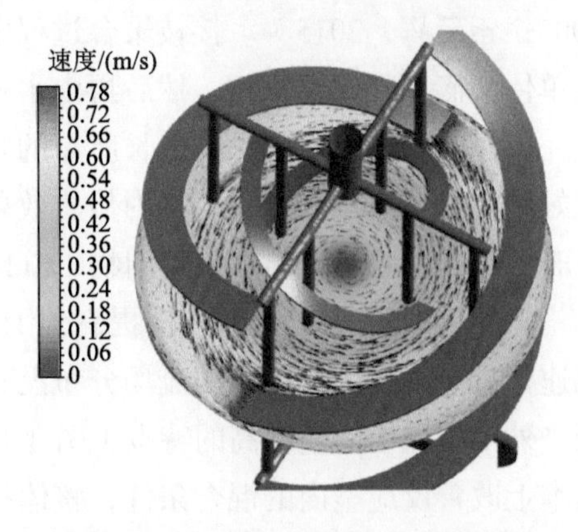

(d)螺带轴向中间点所在水平平面内的速度矢量图和云图

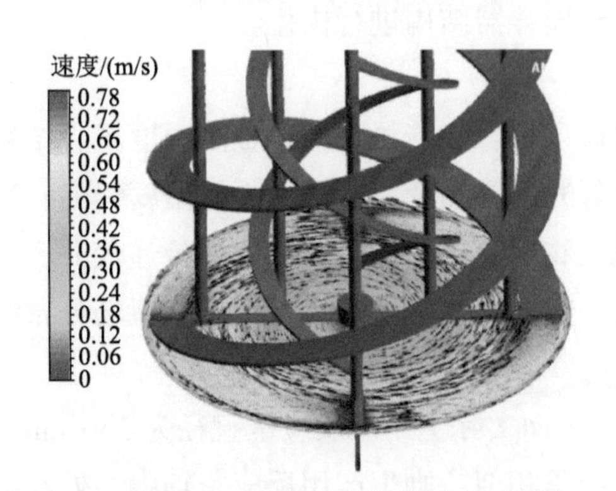

(e)螺带与锚桨交界处所在水平平面内的速度矢量图和云图

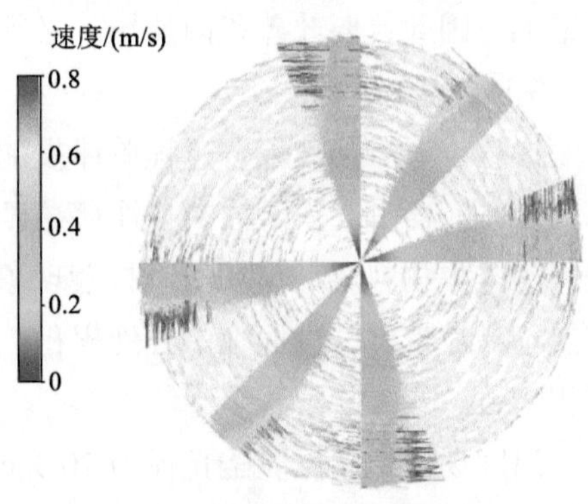

(f)三个竖直截面内切向速度矢量图

图 4-14　双螺带搅拌器聚合反应釜内流场分布图

双螺带搅拌器常用于中高黏度（5 Pa·s 以上）流体的搅拌（张平亮，2008），而接枝聚合乳液平均黏度为 0.01 Pa·s，属于低黏度流体。在高黏度、低雷诺数条件下，双螺带搅拌器可使流体在桨叶区和搅拌槽中心区域产生明显的轴向流动，从而形成全槽流体的循环混合（吴岩，2009；李薇，2015），而在低黏度条件下，双螺带搅拌器不利于形成全槽流动的循环混合。

在传质方面，加料管位于反应釜 1/2 半径处，由于釜内轴向和径向返混效果较差，因此，二次加料之后的混合效果也较差。需要特别指出的是，ABS 接枝聚合属于种子聚合，为使聚合反应发生在 PBL 胶乳表面，而防止丙烯腈和苯乙烯单独聚合，反应液水相的乳化剂浓度被严格控制在临界胶束浓度以下，以防止水相中形成胶束（在乳液聚合中，胶束是聚合反应的主要位置）（曹同玉等，2007；索延辉，2015）。接枝聚合过程中胶乳颗粒表面积增大所需的乳化剂需要从单体液滴上释放到水相，然后再由水相扩散到胶乳颗粒表面。为使上述过程快速完成以及时补充胶乳颗粒生长所需的乳化剂，必须保证体系中每个位置都处于很好的混合状态。因此，当釜内传质效果不佳时，生长的颗粒表面乳化剂补充不及时，胶乳颗粒易聚结生成凝固物（Zubitur and Asua，2001）。

将搅拌器转速由 100 r/min 提高到 150 r/min 和 200 r/min，反应釜内各位置的流速都有一定程度升高，但流场分布没有发生根本变化，依然呈现中心区域流速低、外围区域切向速度高的特点（图 4-15）。因此，单纯提高搅拌转速并不能从根本上改善反应釜内的混合条件，整体打漩状态依然严重。而且随着搅拌转速的提高，聚合反应釜内的剪切速率将增大，相应地，剪切诱导聚结产生的凝固物量将增加。因此，要改善釜内流场，必须对搅拌器结构进行优化。

3）釜内温度场

参考 ABS 接枝聚合过程单体投加量、聚合热情景，模拟釜内温度场。结果（图 4-16）表明，釜内轴中心处存在显著的温度梯度，且轴中心处温度偏高。这是因为釜内物料流动呈现整体打漩现象，物料在轴向和径向方向的传递较弱，反应热不易被带走，进而在中心处累积，釜内温差达 0.24℃，这与釜内流场分布结果相一致。

温度场模拟用反应釜直径为 20.3 cm，而实际生产用反应釜直径为 360 cm。假设生产用反应釜内温度分布与模拟反应釜相似，则生产用反应釜轴中心处和釜壁处温差可达 4.25℃。

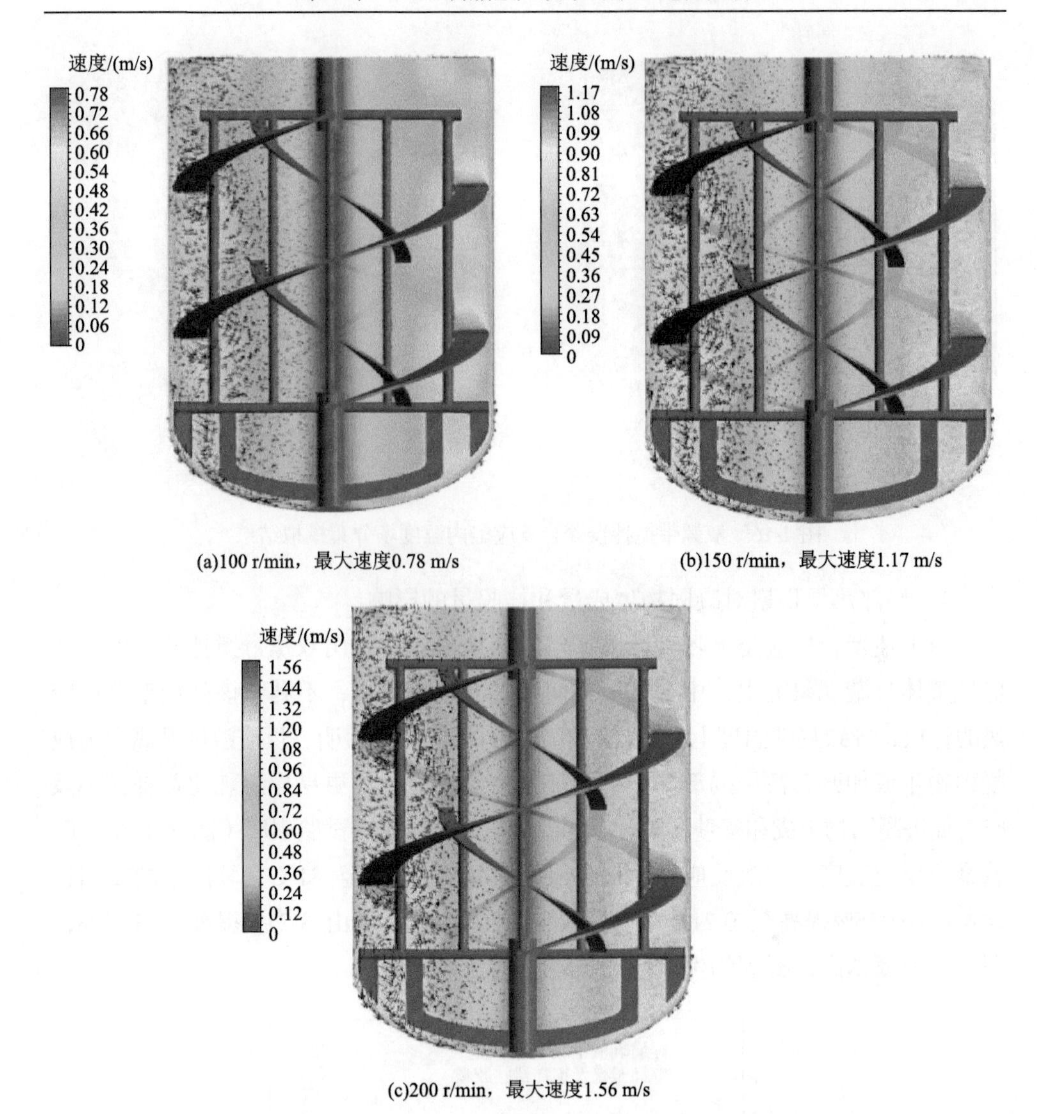

(a)100 r/min，最大速度0.78 m/s　(b)150 r/min，最大速度1.17 m/s

(c)200 r/min，最大速度1.56 m/s

图 4-15　不同转速条件下双螺带搅拌器聚合反应釜内流场分布情况

此外，当釜壁存在挂胶导致传热效果下降时，釜内热量积累将进一步加剧，进而造成釜内温度整体升高。釜壁挂胶对釜壁导热系数具有显著影响。按照挂胶层导热系数为 0.25 W/（m·K）、釜壁导热系数为 16 W/（m·K）、釜壁厚 10 mm 计算，当挂胶层增厚 1 mm，导热速率将下降 86%。

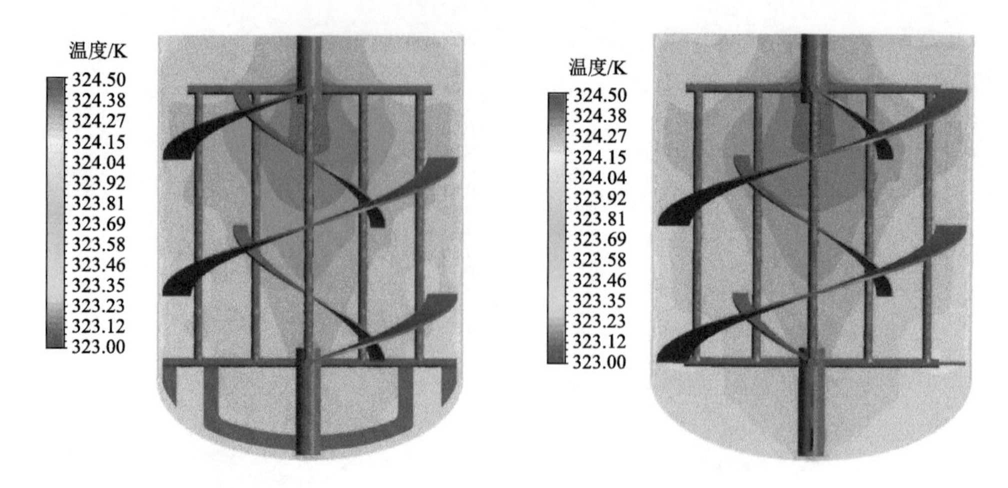

图 4-16　双螺带搅拌器聚合反应釜内温度场分布模拟结果

4）局部热量积累对凝固物生成量和挂胶量的影响

由上述聚合反应釜流场和温度场模拟结果可知，采用双螺带搅拌器，釜内反应液整体打漩现象突出，中心区域径向和轴向速率极小，不利于该区域聚合反应热的释放，导致局部温度上升。乳液聚合已有研究结果表明，反应温度升高会造成凝固物生成加剧，甚至局部爆聚，再加上传质不充分，更易导致乳化剂补充不及时，促进凝固物生成和釜壁挂胶。不同温度下的接枝聚合试验表明（图 4-17），随着聚合反应温度（二次反应和熟化阶段）由 65℃升高至 81℃，乳液中的凝固物含量由 0.075%提高至 0.215%，釜壁及搅拌器挂胶量也由 3.21%提高至 5.32%，即反应温度越高，凝固物生成量和挂胶量越高。

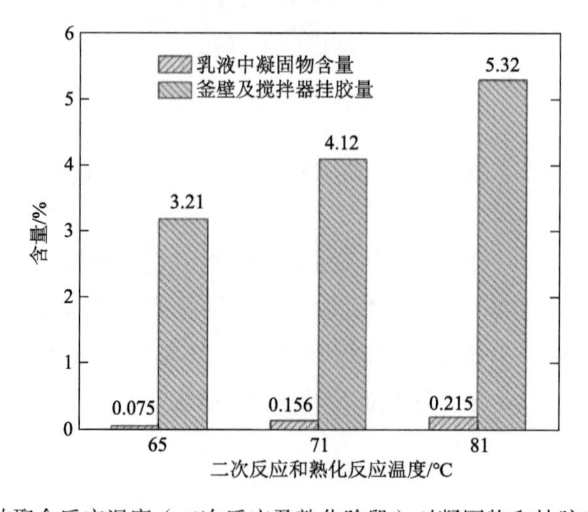

图 4-17　接枝聚合反应温度（二次反应及熟化阶段）对凝固物和挂胶生成量的影响

在苯丙乳液（张心亚等，2004）、丙烯酸酯乳液（张静等，2004）、硅丙乳液（吴亮等，2015）、有机硅-丙烯酸酯乳液（周新华等，2003）等的乳液聚合中，反应温度升高均会导致凝固物生成量增加。在苯丙乳液生产过程中，聚合反应温度由 75～80℃升至 80～85℃，凝固物生成量由 0.48%升至 3.53%（张心亚等，2004）。在丙烯酸酯乳液聚合过程中，聚合反应温度由 75～80℃升至 95℃，凝固物生成量由 1%以下升至 9%以上（张静等，2004）。在硅丙乳液聚合过程中，聚合反应温度由 70℃升至 90℃，平均凝固物生成量由 0.06%升至 0.23%（吴亮等，2015）。在有机硅-丙烯酸酯乳液聚合过程中，聚合反应温度由 50℃升至 85℃，凝固物生成量由 0.27%升至 1.21%（周新华等，2003）。反应温度升高导致凝固物生成量增加的原因如下：一方面，温度升高会增加反应速率，提高胶乳颗粒表面对乳化剂的补充要求，在混合传质效果较差的情况下，容易导致乳液体系不稳定；另一方面，温度升高后，胶乳颗粒碰撞概率增加，加速胶乳颗粒的黏结。

虽然提高反应温度与聚合反应釜内局部热量积累不完全相同，但局部热量积累相当于在局部提高反应温度，而且当釜壁存在挂胶，釜壁换热能力下降时，将造成反应液温度整体升高。因此，上述结果表明，反应釜内的局部热量积累会增加凝固物生成量和釜壁挂胶量。

5）釜壁挂胶形成过程

综上所述，传统双螺带搅拌器不适合 ABS 接枝聚合反应釜混合要求是釜壁挂胶的主要原因，挂胶的形成过程如下（图 4-18）。

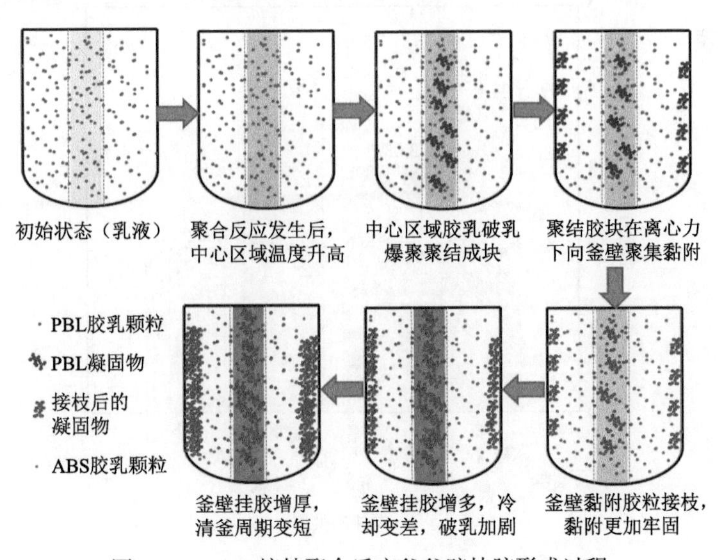

图 4-18　ABS 接枝聚合反应釜釜壁挂胶形成过程

（1）聚合反应开始后，由于反应液整体打漩，径向和轴向混合传热效果差，导致聚合反应釜中心区域热量积累、温度升高、聚合反应加剧，乳化剂补充不及时，凝固物生成量增加。

（2）凝固物在离心力作用下向釜壁聚集、黏附。

（3）黏附在釜壁上的凝固物逐渐积累，釜壁挂胶层增厚，釜壁换热效果下降，釜内温度控制更加困难，凝固物的产生进一步加剧；釜壁挂胶后光洁程度下降，也加剧釜壁挂胶。

3. ABS 接枝聚合反应釜防挂胶搅拌器

ABS 接枝聚合反应釜的防挂胶搅拌器应满足以下条件：一是混合均匀，防止局部热量积累造成的凝固物生成量增加；二是防止因剪切速率过高而造成的凝固物生成量增加。

针对双螺带搅拌器接枝聚合反应釜内反应液整体打漩、径向和轴向混合效果差的问题，在聚合反应釜内增加折流挡板，从而消除整体打漩现象，提高混合效果。同时，采用框式搅拌器、斜叶桨搅拌器和宽桨叶搅拌器三种会在反应器内产生不同剪切速率分布的搅拌器，与原双螺带搅拌器进行对比试验。结果表明，对于 ABS 接枝聚合体系，搅拌器类型对釜壁挂胶量影响显著。釜壁挂胶量由少到多依次为宽桨叶搅拌器<框式搅拌器<斜叶桨搅拌器<双螺带搅拌器，宽桨叶搅拌器较双螺带搅拌器釜壁挂胶量约削减 51%（图 4-19）。

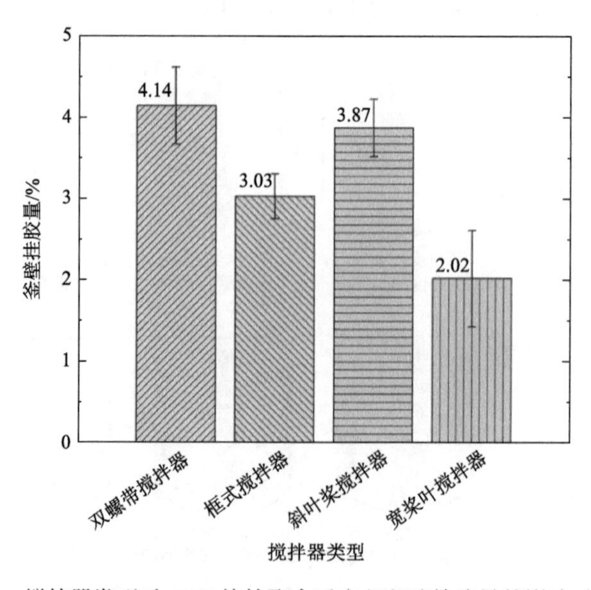

图 4-19　搅拌器类型对 ABS 接枝聚合反应釜釜壁挂胶量的影响（n=10）

一方面，折流挡板的引入消除了反应液整体打漩的问题，较原来的双螺带搅拌器，聚合反应釜内的混合效果得到明显改善，中心区域热量积累导致凝固物生成量和釜壁挂胶量高的问题得到改善。另一方面，宽桨叶搅拌器与框式搅拌器和斜叶桨搅拌器相比，桨叶面积更大，在同等功率输入条件下，所需的转速最小，反应釜内的剪切速率更小且更加均匀，剪切诱导聚结造成的凝固物生成量更少。

搅拌桨形式的选择与体系黏度、搅拌要求等直接相关。陆书来（2000）的研究结果表明，在丁苯吡乳液聚合过程中，相对密度仅为 0.5 左右的丁二烯的体积分数为 40%以上，因此，需要剪切能力强的搅拌桨用于保证单体的乳化效果，否则体系中将存在较大的单体液滴，甚至出现单体分层，易发生本体聚合，生成较大的聚合物颗粒，影响胶乳颗粒的稳定性。而在 ABS 接枝聚合体系中，加入的单体已完成预乳化，不需要太高的剪切力也能实现较好的乳化状态。有研究表明（李志丹等，2017），反应速率与乳化阶段的搅拌速率关系较大，而与反应阶段的搅拌速率关系较小。因此，在 ABS 接枝聚合反应釜中，应保证良好的混合传热效果，并应尽可能降低剪切力以防止剪切诱导破乳。综上所述，桨叶面积较大的宽桨叶搅拌器更适合 ABS 接枝聚合反应釜。

宽桨叶搅拌器聚合反应釜内流场模拟结果[图 4-20（a）～（d）]表明，反应釜内在釜壁和中心区域之间形成两个明显的循环流动，均为在上部自釜壁向中心区域流动，在中心区域由上向下流动，在下部由中心区域向釜壁流动，在釜壁附近由下向上流动。两个循环流动均覆盖中心区域至聚合反应釜壁的空间，有利于反应液与釜壁的对流换热过程，使聚合反应产生的热量及时被釜壁夹套中的循环水带走。由图 4-20（e）和图 4-20（f）可知，在搅拌桨叶两个轮毂的位置，在搅拌桨转动方向后方容易形成涡流，涡流的存在可提高反应液的混合传质效果，随着搅拌器的转动，会在聚合反应釜的不同位置先后出现涡流，流场分布也随着搅拌器的转动不断变换，从而使反应液处于紊动状态，有利于反应液中单体、乳化剂的混合传质，保证乳化剂及时补充到新生成的胶乳颗粒表面，从而防止胶乳颗粒破乳聚结。

宽桨叶搅拌器与传统框式搅拌器具有类似之处，桨叶面积均较大且桨叶在一个平面内，因此可将其流场分布与此类搅拌桨进行对比。崔玉华（2001）采用激光多普勒测速仪等手段考察了传统框式搅拌器搅拌低黏度流体（水）的流场分布，也发现存在上下两个涡环，分区明显。由于宽桨叶搅拌器桨叶面积较大，桨叶作用区域大而均匀，剪切速率较小，有利于防止凝固物的生成。

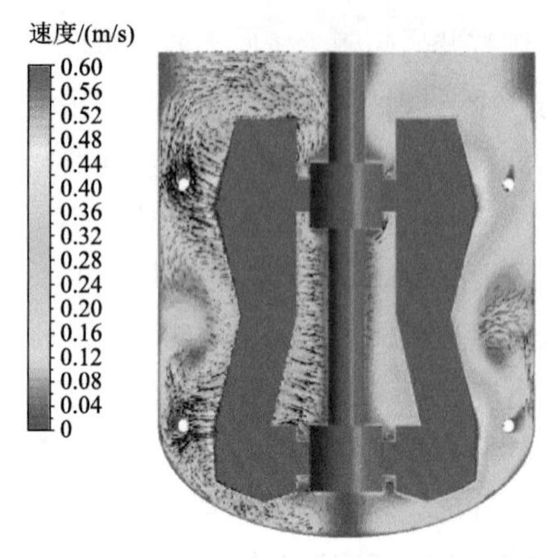

(a)叶片所在竖直平面(y=0)内的速度矢量图和云图

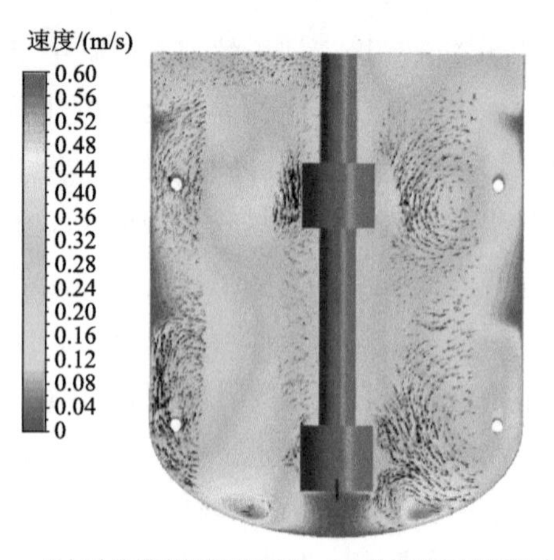

(b)与叶片垂直的竖直平面(x=0)内的速度矢量图和云图

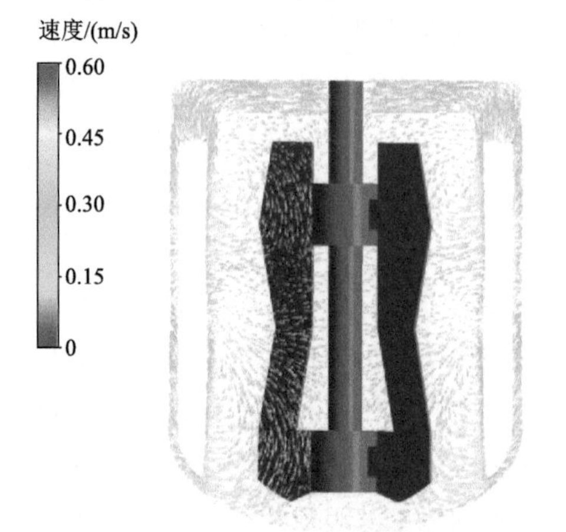

(c)挡板所在竖直平面(y=x)内的速度矢量图

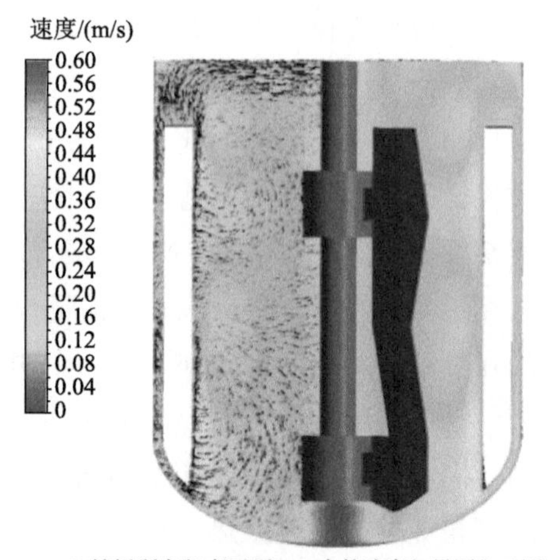

(d)挡板所在竖直平面(y=x)内的速度矢量图和云图

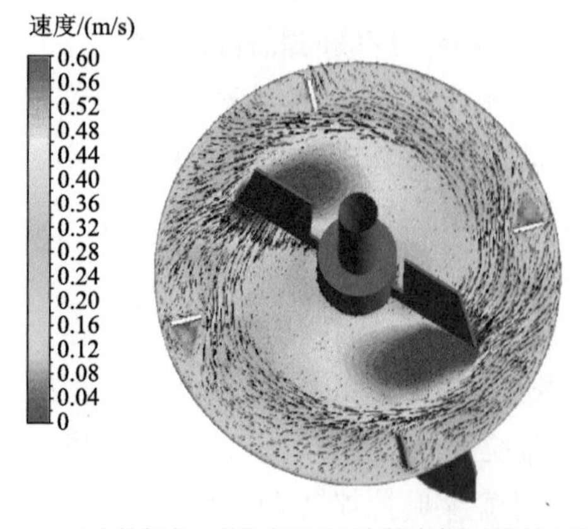

(e)上轮毂中心所在水平平面内的速度矢量图和云图

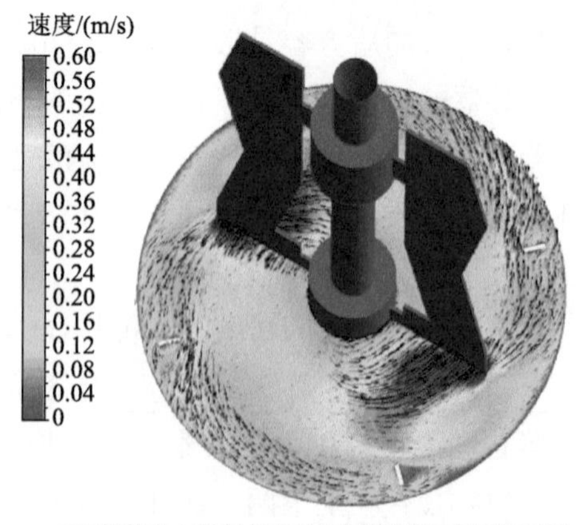

(f)下轮毂中心所在水平平面内的速度矢量图和云图

图 4-20　宽桨叶搅拌器聚合反应釜内流场分布图

釜内温度场模拟结果表明（图 4-21），采用宽桨叶搅拌器后，釜内温度分布更加均匀，下部反应液温度较上部反应液温度略高。假设生产用反应釜内温度分布与模拟反应釜相似，则生产用反应釜釜内温差小于 1℃。与采用双螺带搅拌器的釜内温度场相比，釜内温差大幅降低，表明宽桨叶搅拌器的传热效果更好，这与流场模拟结果相一致。

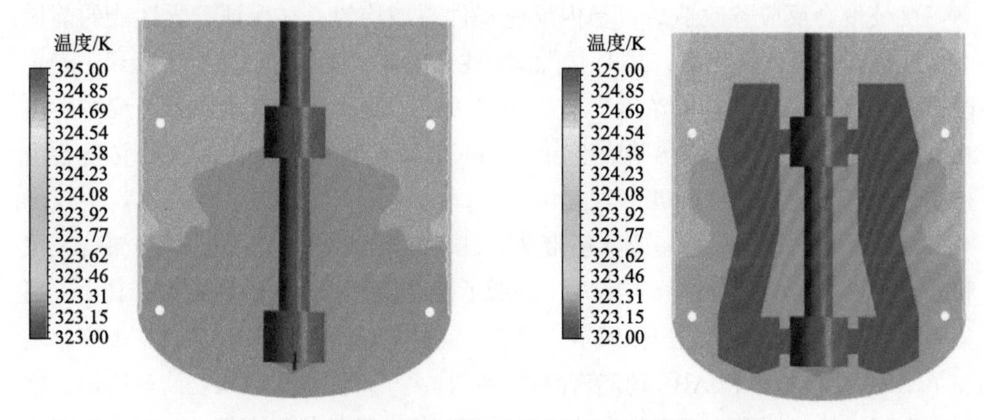

图 4-21　宽桨叶搅拌器聚合反应釜内温度场模拟结果

4. 工业化应用效果

将工业化 ABS 接枝聚合反应釜的双螺带搅拌器更换为宽桨叶搅拌器，并安装折流挡板（表 4-12），釜壁挂胶量显著下降，清釜周期由改造前的 30 批/次延长到 120 批/次以上，按照每天反应 3 个批次计算，清釜时间由 10 天延长至 40 天以上，相应地，清釜废水及污染物排放减少 75%以上。同时，生产效率和产品质量得到改善，单体转化率、产品的冲击强度、熔融指数、光泽度、白度等指标均有显著提升。

表 4-12　接枝聚合反应釜搅拌器改造前后 ABS 树脂产品质量指标对比表

项目	转化率/%	冲击强度/（J/m）	熔融指数/（g/10min）	光泽度/%	白度/%	平均清釜周期/（批/次）
改造前	98.30	185	18.0	86.0	59.5	30
改造后	98.76	195	20.1	91.3	60.2	120～176

运行实践表明，接枝聚合反应釜清釜周期延长不仅可减少清釜废水的排放，还可减少胶乳过滤器清洗废水排放以及凝聚干燥废水中特征有机物的排放。

在 ABS 接枝聚合工段，接枝聚合胶乳从反应釜排出后需采用不锈钢网过滤器过滤以去除粒径较大的凝固物，从而保证接枝聚合胶乳的质量。接枝聚合反应釜改造前，由于釜内混合传热效果不佳，凝固物生成量大，胶乳过滤器易堵塞，清洗频繁，排放大量清洗废水。接枝聚合反应釜改造后，聚合胶乳中凝固物生成量减少，胶乳过滤器堵塞减慢，平均清洗频率由 3.6 次/d 减小到 1.8 次/d，过滤器清洗废水减排 50%。

接枝聚合反应釜改造后，釜内反应条件更加均匀，在保证胶乳性能的前提下，还提高了单体转化率，减少了乳液中残余单体浓度，进而减少了凝聚干燥工段排放废水中聚合单体的浓度。监测结果表明，凝聚干燥废水中苯乙烯浓度由 56 mg/L 降至 1 mg/L，丙烯腈浓度由 156 mg/L 降至约 100 mg/L，COD 浓度也由 1530 mg/L 降至约 1200 mg/L。

此外，接枝聚合反应釜改造还带来了显著的经济效益。首先，接枝聚合工段和凝聚干燥工段的污染物源头削减，降低了后续废水的污染治理成本；其次，清釜周期延长，降低了清釜操作成本；再次，单体转化率提高和胶乳收率提高，增加了 ABS 接枝粉料和 ABS 树脂产品产量，提高了产品销售收入。清釜周期的延长，还可延长接枝聚合反应釜有效运行时间，提高接枝粉料产量，从而为装置扩大产能提供可能，具有潜在的经济效益。

4.3.4　ABS接枝胶乳复合凝聚

凝聚干燥工段废水中通常含有较高浓度的微小絮体或颗粒（微粉），主要产生于接枝胶乳的凝聚过程，其粒径较小，在接枝胶乳凝聚物过滤过程中流失进入废水，造成接枝聚合物流失和产品收率下降，同时增加后续污水处理的难度和成本。如果能对接枝胶乳凝聚工段进行优化，降低胶乳凝聚过程中聚合物微粉的生成量，将提高聚合物收率，并降低废水处理难度和成本，提高生产工艺的清洁化水平，对提高整个 ABS 树脂子行业的绿色化水平具有重要意义。作者团队对传统凝聚工艺中 ABS 接枝胶乳的凝聚过程进行了研究和表征，分析了聚合物微粉形成的原因，在此基础上，提出了问题的解决策略，研究开发了 ABS 接枝胶乳复合凝聚技术，实现了聚合物微粉的源头减量。

1. 技术原理

1）ABS 接枝胶乳凝聚机理

ABS 接枝胶乳颗粒表面覆盖着一层阴离子表面活性剂分子（离子态），相互之间存在静电斥力，而且颗粒粒径一般在 200～1000 nm，布朗运动明显，自然沉降和过滤分离困难（黄立本，2001）。通常需要通过凝聚作用破坏胶乳体系的稳定性，促使胶乳颗粒相互碰撞、聚集，以形成易于沉降和过滤分离的较大颗粒。

根据经典的 DLVO 理论，影响胶体分散体系稳定性的主要因素有颗粒表面电位、反号离子浓度和价数。改变接枝胶乳体系中乳化剂和反号离子的浓度能够影响其稳定性，实现接枝胶乳中聚合物的破乳分离。在 ABS 树脂生产中，通常会加入电解质来实现这一过程。加入不同类型的电解质可以使接枝胶乳发生以下不同类型的破乳凝聚。

一是浓度凝聚，即加入的电解质与 ABS 接枝胶乳中的乳化剂不发生化学反应，但随着电解质浓度增加，双电层厚度降低，从而使 Zeta 电位绝对值下降，颗粒间静电斥力减小。

二是中和凝聚，即加入的电解质与 ABS 接枝胶乳中的乳化剂发生不可逆化学反应，生成无乳化效果的反应物，使胶乳颗粒表面失去电荷，Zeta 电位绝对值下降，进而使体系稳定性降低乃至彻底失去稳定性，实现 ABS 聚合物分离。相对于浓度凝聚，中和凝聚更有针对性，所需凝聚剂用量更少，在工业上应用更多，而凝聚剂的选择尤为重要。

工业上 ABS 接枝胶乳的凝聚工艺通常分为破乳凝聚、熟化和调浆中和等步骤。破乳凝聚步骤旨在实现从胶乳向凝胶颗粒的转化，为聚合物的分离奠定基础；熟化步骤旨在调节和优化凝胶颗粒形态，使其性能更好地满足后续树脂产品加工的需要；调浆中和步骤的目的是通过浆液 pH 和粉料浓度调节等过程，减少乳化剂等助剂在粉料上的残留，保证最终 ABS 树脂产品的性能。

工业化实践表明，凝聚颗粒粒径分布对后续离心脱水和干燥过程具有明显影响。粒径太小，脱水机振动较大，微粉流失严重；粒径太大，容易形成料包水，颗粒软，黏度大，干燥器出料困难。因此，凝聚颗粒粒径分布是表征凝聚效果的重要参数。凝聚剂种类、用量、水胶比、凝聚温度及搅拌器转速等是影响凝聚效果的主要因素（许伟等，2002；韩洪义和李小军，2011；孙士昌，2018）。此外，熟化后凝聚颗粒的致密程度（ΔD_{50} 是凝聚颗粒超声破碎前后中值粒径的变化，ΔD_{50} 越大，表明凝聚颗粒越容易破碎形成小颗粒粉料）与熟化浆液的脱水效果直接相关，当 ΔD_{50} 减小时，脱水粉料含水量明显下降，微粉产生量显著降低。

2）ABS 接枝微粉形成原因分析

ABS 接枝乳液生产过程中常用的乳化剂包括羧酸盐和磺酸盐类乳化剂。经传统硫酸凝聚剂破乳后，在 pH<1 的条件下，99.9%以上的羧酸根以分子态存

在，99.9%的磺酸盐（pK_a <–2）以离子态存在。这表明磺酸盐对无机酸类凝聚剂不敏感，在凝聚过程中依然残留在胶乳颗粒表面，阻碍熟化阶段凝聚颗粒的互相黏结和致密化。向只含羧酸类乳化剂的胶乳中投加无机酸凝聚剂，凝聚母液澄清，向该胶乳中先添加磺酸盐乳化剂，再投加无机酸凝聚剂，凝聚母液浑浊，形成大量聚合物微粉，表明传统无机酸凝聚剂对磺酸盐类乳化剂无效是产生大量聚合物微粉的主要原因。

3）微粉流失问题解决策略

要解决凝聚干燥工段 ABS 接枝微粉流失问题，可采用以下两种策略：一是提高过滤单元的截留能力，如减小过滤介质孔径等；二是优化凝聚效果，改善颗粒形态，减少难以截留的微粉产生量。如采取第一种策略，减小过滤材料的孔径，可截留更多的聚合物微粉，但同时会增加过滤阻力和过滤单元清洗频率，降低过滤单元的效率。因此，应优先考虑第二种策略，即通过改进和优化凝聚配方及工艺，改善 ABS 接枝胶乳的凝聚效果，从而大幅减少微粉流失。

研究表明，在传统无机酸凝聚剂基础上，再投加对磺酸盐类乳化剂有效的凝聚剂作为辅助凝聚剂，可提高胶乳凝聚效果，且凝聚成本增加较少，称为复合凝聚工艺，其原理如图 4-22 所示。

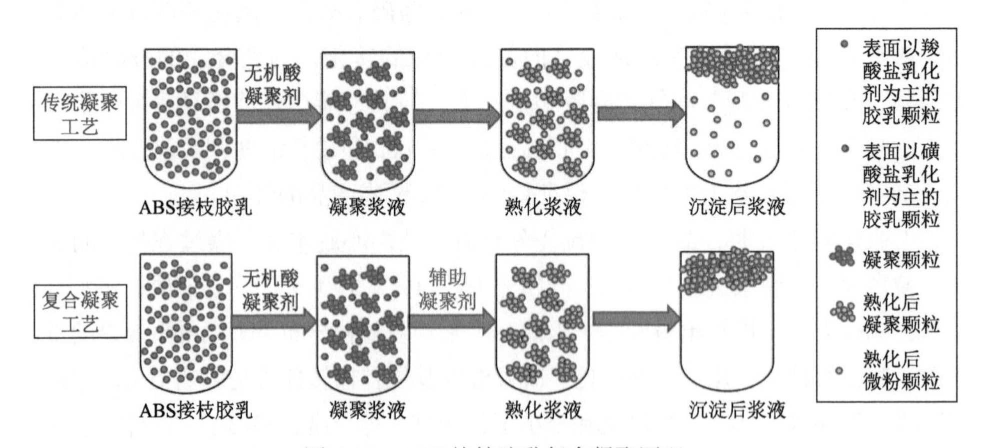

图 4-22　ABS 接枝胶乳复合凝聚原理

2. 辅助凝聚剂筛选

辅助凝聚剂的筛选主要遵循以下原则：①微粉减量效果好；②对 ABS 接枝粉料和最终的 ABS 树脂产品性能无不利影响；③性能稳定，便于长期储存和使用；④成本增加少，不会影响企业盈利。按照上述原则，吉林石化经过反复试验，筛选出满足上述原则的辅助凝聚剂 A。小试试验中，在相同的凝聚条件下凝聚同一批次接枝胶乳，在熟化阶段加入不同量辅助凝聚剂 A，在熟化一定时间后取浆液水层，测试 COD 和悬浮物含量。结果表明，辅助凝聚剂 A 可降低凝聚浆液水层悬浮物含量 90%以上，提高聚合物的回收率。在工业化试验中，投加辅助凝聚剂 A 后，胶乳凝聚浆液水层中的 COD 和 SS 大幅下降，COD 浓度从 3987 mg/L 降低至 1567 mg/L，SS 浓度从 746 mg/L 降低至 105 mg/L，浆液过滤阻力和脱水机电流均明显下降。与传统凝聚工艺生产的粉料相比，使用辅助凝聚剂 A 生产出的 ABS 树脂，其力学性能、白度、黄色指数及耐热氧老化性能无明显变化或有改善。

3. 工业化应用效果

吉林石化 ABS 树脂装置改造前，凝聚干燥单元易出现凝聚颗粒形态不佳、结构松散、浆液水层浑浊、真空过滤机滤布堵塞、脱水机电流超限和湿粉料含水量高等问题，严重制约装置的生产能力。在凝聚过程熟化阶段加入辅助凝聚剂，原装置各项工艺参数均不需调整，显著改善凝聚效果：COD 浓度普遍降至 1500 mg/L 以下，SS 浓度降至 100 mg/L 以下，SS 降幅达到 80%以上，污染物源头减量效果明显。

4.4　ABS树脂生产废水预处理

4.4.1　高浓度胶乳废水混凝

1. 技术原理

ABS 树脂装置高浓度胶乳废水宜采用混凝气浮工艺进行预处理：首先，通过混凝破乳实现废水中胶乳颗粒的脱稳聚结，生成聚合物絮体颗粒；然后，废水进入气浮池，絮体颗粒与微气泡结合并在浮力作用下上浮至气浮池表面形成浮渣；最后用刮板刮除浮渣，实现废水与胶乳聚合物的分离。

目前混凝气浮设备已较为成熟，胶乳废水混凝气浮预处理的关键在于混凝破乳。混凝破乳旨在通过投加药剂的混凝作用破除乳液体系的“稳定性”。目前，公认的混凝作用机理主要包括压缩双电层、吸附电中和、吸附架桥和卷扫（网捕）4 种（Myers，1999；Chai et al.，2014）。目前常用的 ABS 树脂生产废水混凝破乳剂以多价金属阳离子为主，其主要破乳机理多为压缩双电层或吸附电中和。

1）压缩双电层

在胶乳颗粒电位离子量不变的情况下，向乳液中加入电解质，扩散层内反号离子浓度升高，所需的扩散层减薄，相应地 Zeta 电位绝对值降低。当该值降低到一定程度而使颗粒间排斥的能量小于颗粒运动的动能时，胶乳颗粒开始发生聚结，此时的 Zeta 电位称为临界电位。增加反号离子浓度，进而减小扩散层厚度，以降低颗粒 Zeta 电位的过程称为压缩双电层（图 4-23）。

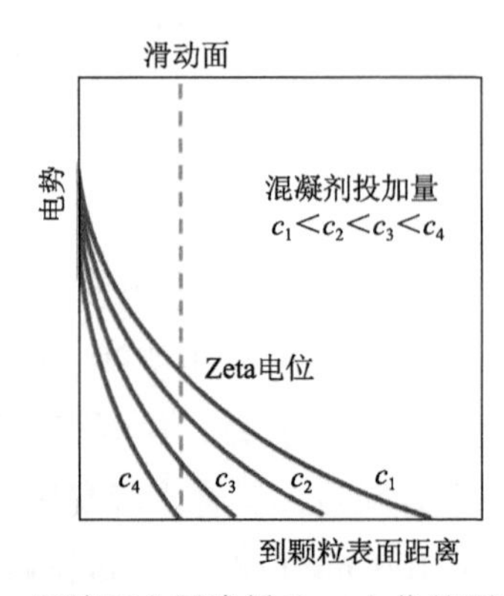

图 4-23　压缩双电层降低 Zeta 电位的原理示意图

2）吸附电中和

吸附电中和是混凝药剂释放的离子通过静电力、表面络合、氢键、化学键合、疏水缔合甚至范德华力等作用，与电位离子结合或进入吸附层，从而改变滑动面内的带电状态。当滑动面内的带电量降低到某一临界值，静电斥力不再具有阻隔颗粒聚结的能力时，即发生凝聚（图 4-24）。

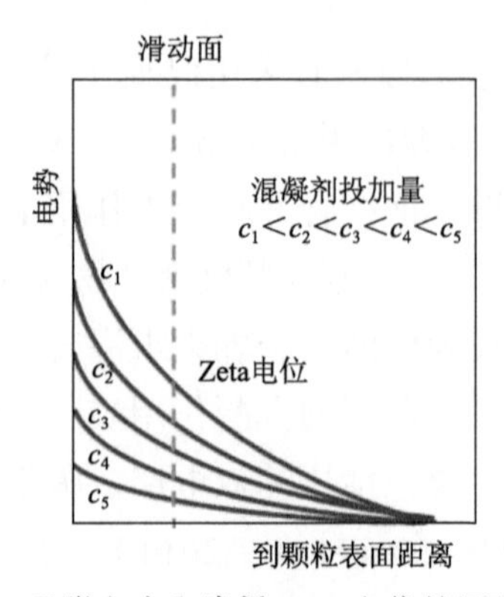

图 4-24　吸附电中和降低 Zeta 电位的原理示意图

2. 破乳药剂筛选与优化

$CaCl_2$、$MgCl_2$、$FeCl_3$、$AlCl_3$ 和 PAC 5 种常用混凝剂对丁二烯聚合废水进行混凝（图 4-25），均可起到破乳作用，但表现出两类不同的破乳特性：第一类是二价金属离子破乳剂 $CaCl_2$ 和 $MgCl_2$，在低药剂投加量下没有破乳效果，当药剂投加量较高（500 mg/L 以上）时，才逐渐表现出破乳效果；第二类是高价态破乳剂（三价及以上）$FeCl_3$、$AlCl_3$ 和 PAC，三种药剂在较低的投加量下（100 mg/L 以下）即可达到较好的破乳效果，但存在明显的有效破乳区间（图 4-26 和图 4-27），当过量投加时，破乳效果大幅下降。

进一步的研究结果表明，第二类破乳剂的破乳机理以吸附电中和为主。以 PAC 为例，投加到废水中的 PAC 以吸附态为主（图 4-28），Zeta 电位随药剂投加量的变化也符合吸附电中和机理的线性关系（图 4-29）。

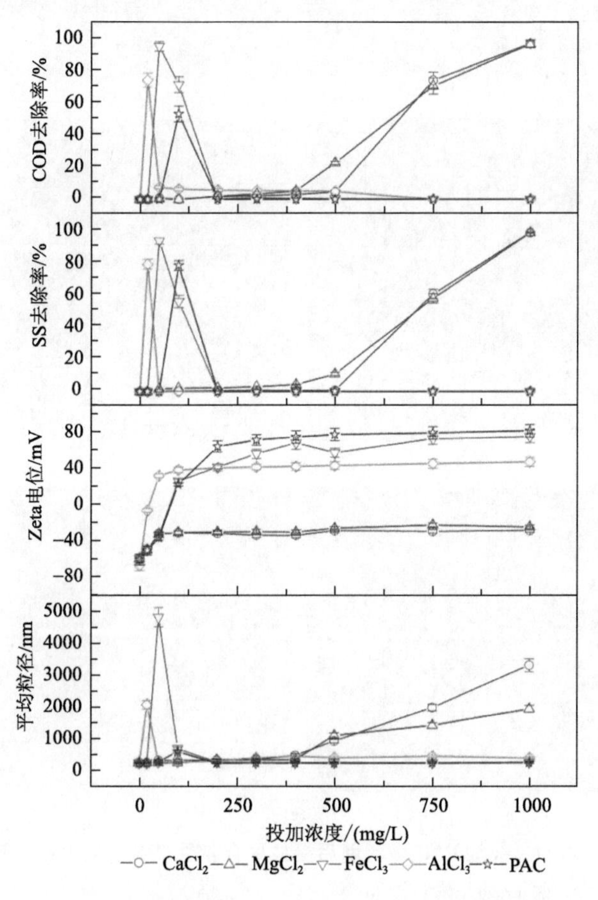

图 4-25　5 种混凝剂对丁二烯聚合废水的破乳效果

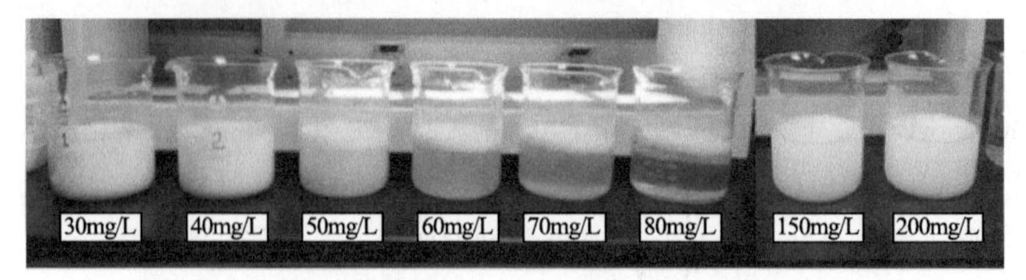

图 4-26　不同 PAC 投加量下丁二烯聚合废水破乳效果对比

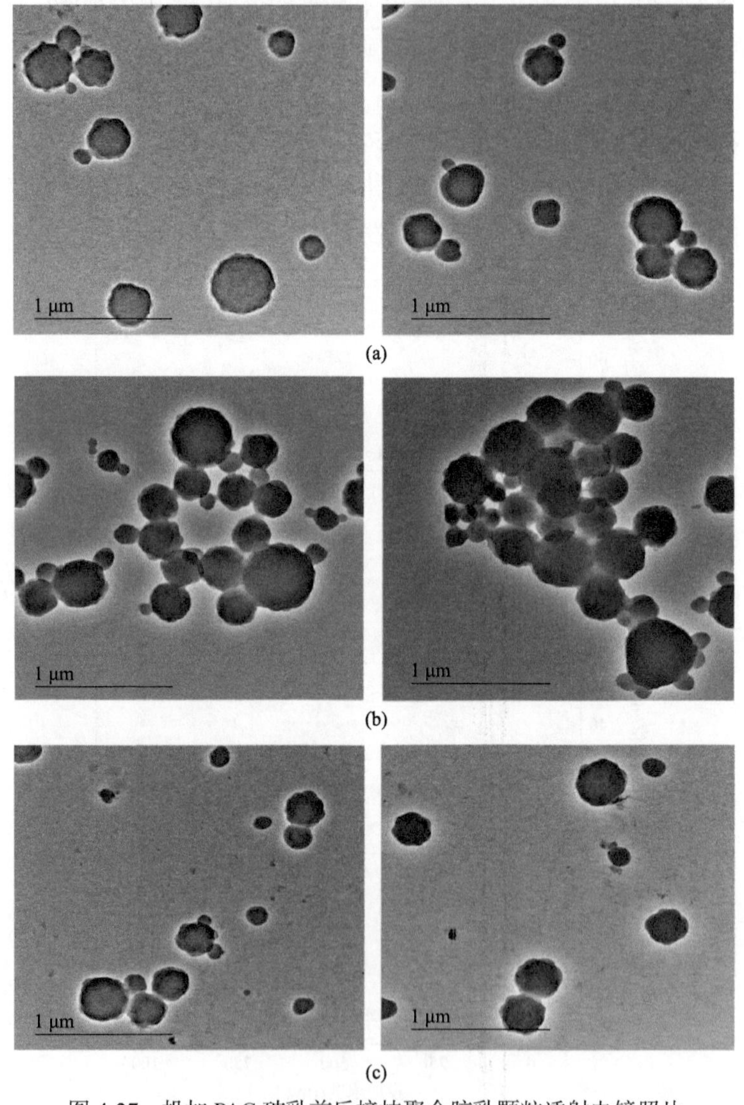

图 4-27　投加 PAC 破乳前后接枝聚合胶乳颗粒透射电镜照片

（a）投加 PAC 前（Zeta 电位为–51 mV）；（b）投加 PAC 破乳后（Zeta 电位为–6 mV）；（c）投加 PAC 过量后（Zeta 电位为 45 mV）

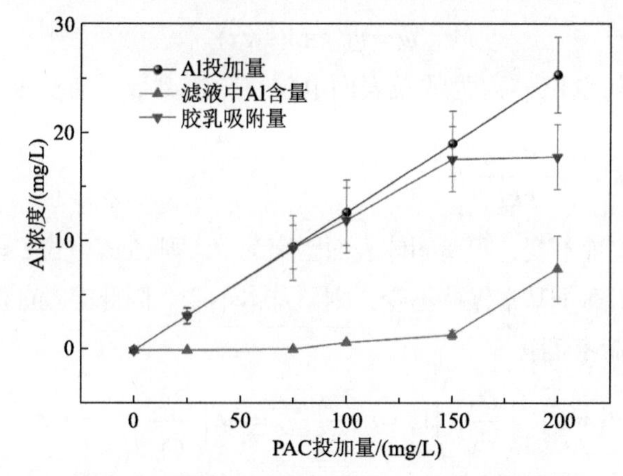

图 4-28　不同 PAC 投加量下 Al 元素分布变化

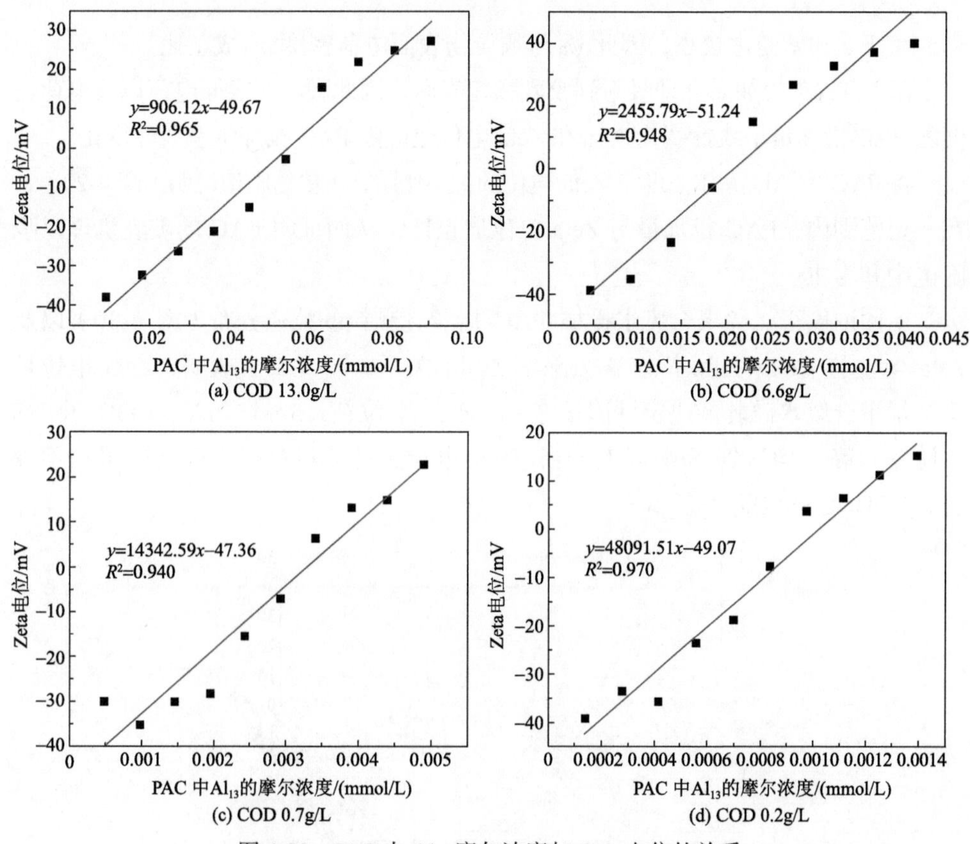

图 4-29　PAC 中 Al_{13} 摩尔浓度与 Zeta 电位的关系

根据低电势下的 Gouy-Chapman 方程，距离颗粒表面 x 处的电势可用下式表示：

$$\psi = \psi_0 \exp(-\kappa x)$$

式中，ψ 为 x 处的电位；ψ_0 为颗粒表面电位；κ 的倒数具有长度量纲，相当于扩散双电层厚度，$\kappa = \left(\dfrac{2z^2\mathrm{e}^2 n_0}{\varepsilon kT}\right)^{\frac{1}{2}}$。

假设滑动面位置不变，距离固体表面距离为 d，则 Zeta 电位 $\zeta = \psi_0 \exp(-\kappa d)$。若废水中主要阴阳离子基本保持不变，则 κ 基本不变。因此，Zeta 电位取决于 ψ_0。

颗粒表面电荷密度：

$$\sigma_0 = \varepsilon \int_0^\infty \left(\frac{\partial^2 \psi}{\partial x^2}\right) \mathrm{d}x = \varepsilon \frac{\partial \psi}{\partial x}\Big|_{x=0}^{x=\infty} = -\varepsilon \left(\frac{\partial \psi}{\partial x}\right)_{x=0} = \varepsilon \kappa \psi_0$$

即 $\psi_0 = \dfrac{\sigma_0}{\varepsilon \kappa}$。

由于 ε 和 κ 变化较小，因此 ψ_0 与颗粒物表面电荷密度 σ_0 成正比。

由于 PAC 投加后立即吸附到胶乳颗粒表面，因此颗粒物表面电荷以及电荷密度随 PAC 投加量呈线性变化，ψ_0 和 Zeta 电位也应随 PAC 投加量呈线性变化。

将 PAC 中 Al_{13} 摩尔浓度与 Zeta 电位的关系作图，可更清晰地说明（图 4-29），在一定范围内，PAC 投加量与 Zeta 电位成正比，从而证明 PAC 的破乳机理以吸附电中和为主。

不同浓度丁二烯聚合废水投加 PAC 后胶乳颗粒的粒径分布（图 4-30）以及 Zeta 电位与 COD 去除率、SS 去除率之间的关系（图 4-31）表明，Zeta 电位是丁二烯聚合废水破乳的决定性因素之一，Zeta 电位在−15～15 mV，COD 及 SS 去除率较高，均达到 80%以上。当 Zeta 电位过低或过高时，破乳效果均不理想，COD 及 SS 去除率较低。

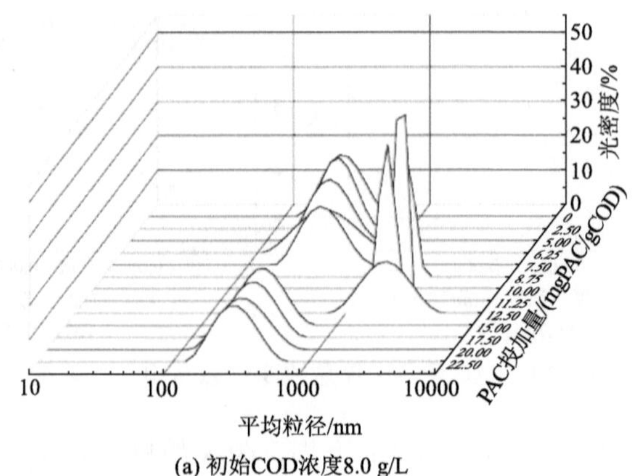

(a) 初始COD浓度8.0 g/L

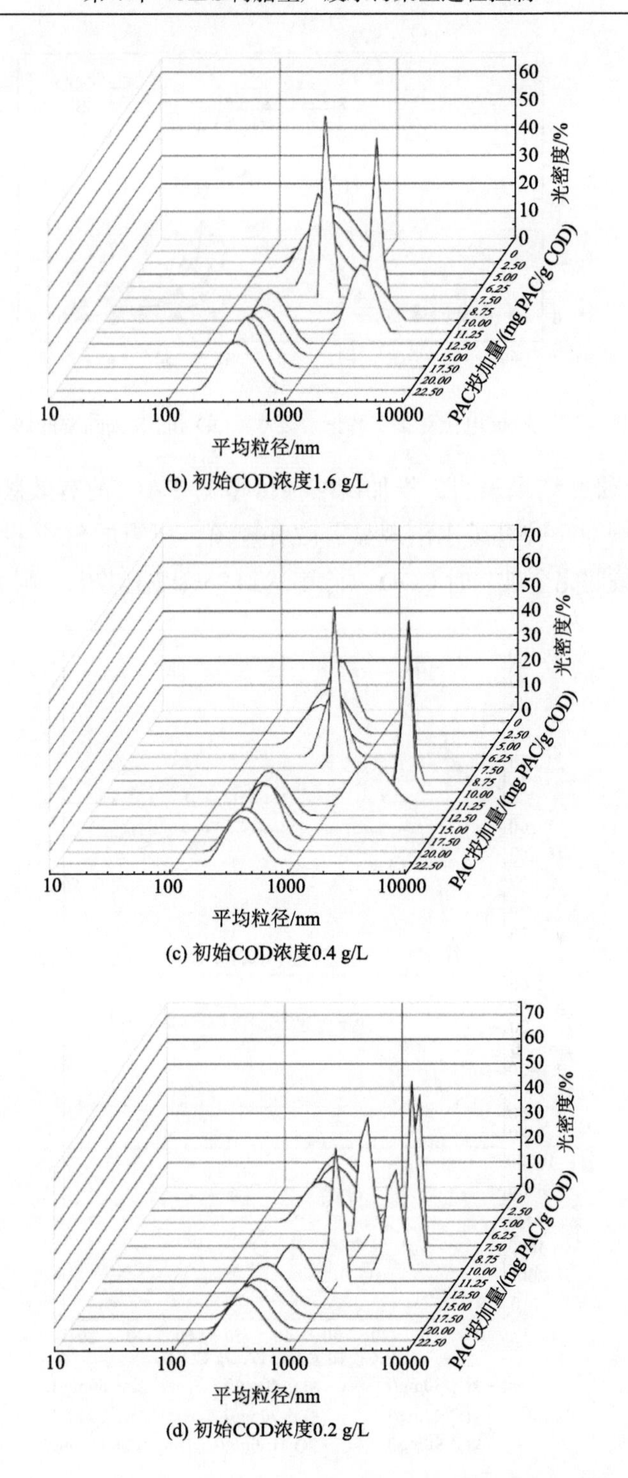

(b) 初始COD浓度1.6 g/L

(c) 初始COD浓度0.4 g/L

(d) 初始COD浓度0.2 g/L

图 4-30　PAC 投加量对不同浓度丁二烯聚合废水颗粒粒径分布的影响

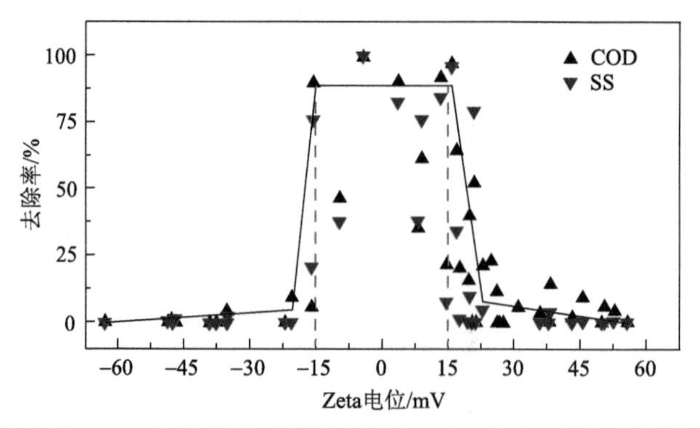

图 4-31 Zeta 电位对丁二烯聚合废水 COD 和 SS 去除率的影响

作者团队研究结果表明，投加硫酸根可拓宽 PAC 的有效破乳区间。随着 PAC 投加量增加，胶乳废水出现显著破乳现象，所需的SO_4^{2-}投加量逐渐增加（图 4-32）。按照完全破乳时 COD 去除率达到 95%以上考虑，则 PAC 投加量上

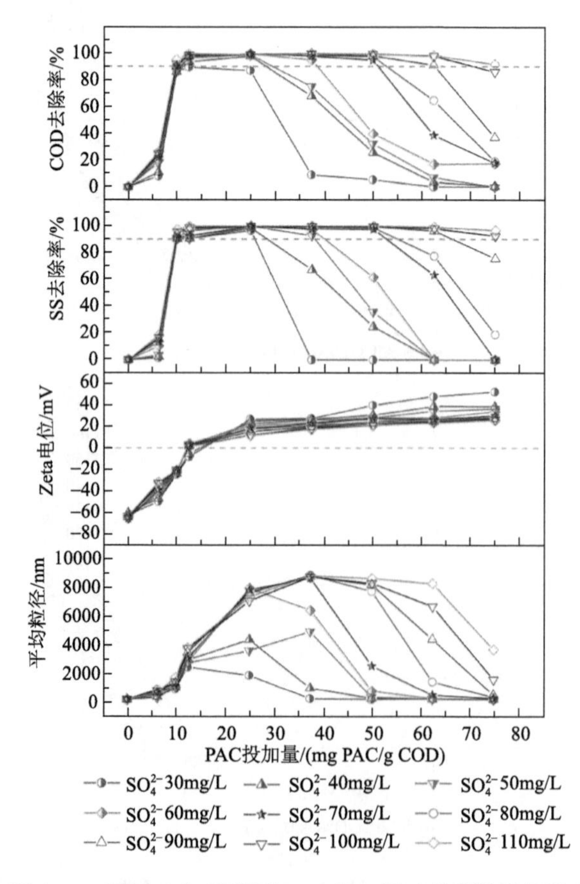

图 4-32 不同SO_4^{2-}浓度下 PAC 投加量对破乳效果的影响

限为 200 mg/L、300 mg/L、400 mg/L、500 mg/L 和 600 mg/L 时所需的 SO_4^{2-} 投加量分别为 40 mg/L、60 mg/L、80 mg/L、100 mg/L 和 120 mg/L，即 PAC 投加量每过量 100 mg/L，需补充投加 20 mg/L 的 SO_4^{2-}，SO_4^{2-} 和 PAC 投加量之比为 1∶5。

根据不同浓度 SO_4^{2-}（30～110 mg/L）对 PAC 有效破乳区间的拓宽效果（图 4-32），得到不同 SO_4^{2-} 浓度下 PAC 有效破乳区间范围（以 SS 去除率＞90%计，图 4-33）。SO_4^{2-} 浓度为 110 mg/L 时，PAC 有效破乳区间由不投加 SO_4^{2-} 的 10～11.25 mg/g COD 拓宽至 10～75 mg/g COD。

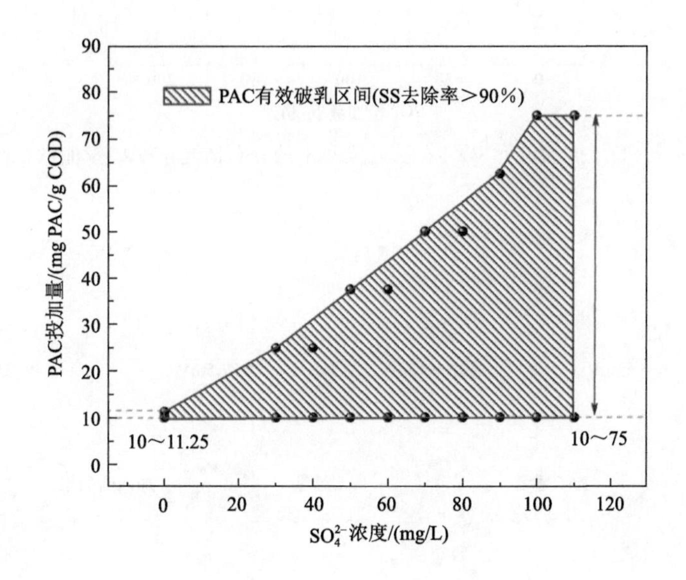

图 4-33　不同 SO_4^{2-} 浓度下 PAC 的有效破乳区间

复配 SO_4^{2-} 拓宽 PAC 的有效破乳区间的机理为 SO_4^{2-} 压缩双电层抑制 PAC 过量投加造成的 Zeta 电位升高。投加后的 SO_4^{2-} 大部分以溶解态存在，只有很少一部分（约 10%）以胶乳吸附态存在（图 4-34），表明 SO_4^{2-} 拓宽破乳剂有效破乳区间的机理并非吸附电中和。这与 SO_4^{2-} 加入后未导致胶乳颗粒带电反号相一致。

SO_4^{2-} 拓宽 PAC 有效破乳区间机理示意图如图 4-35 所示。当 PAC 过量投加造成胶乳颗粒带正电而复稳时，SO_4^{2-} 通过压缩双电层使胶乳颗粒 Zeta 电位重新降到能够破乳的范围内，从而拓宽 PAC 有效破乳区间。此外，大部分 SO_4^{2-} 存在于水相，当 PAC 投加量进一步增加时，水相中的 SO_4^{2-} 还可进一步起到压缩双电层的作用，从而使得 PAC 的投加量具有较高的弹性。

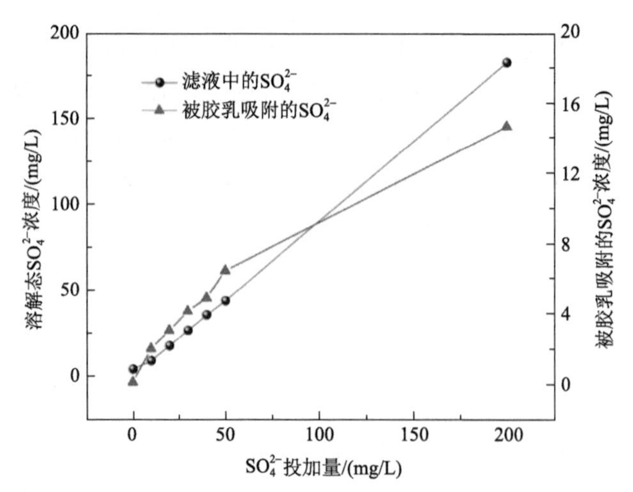

图 4-34　不同 SO_4^{2-} 投加量下 SO_4^{2-} 在胶乳废水中的分布情况（PAC 投加量 200 mg/L）

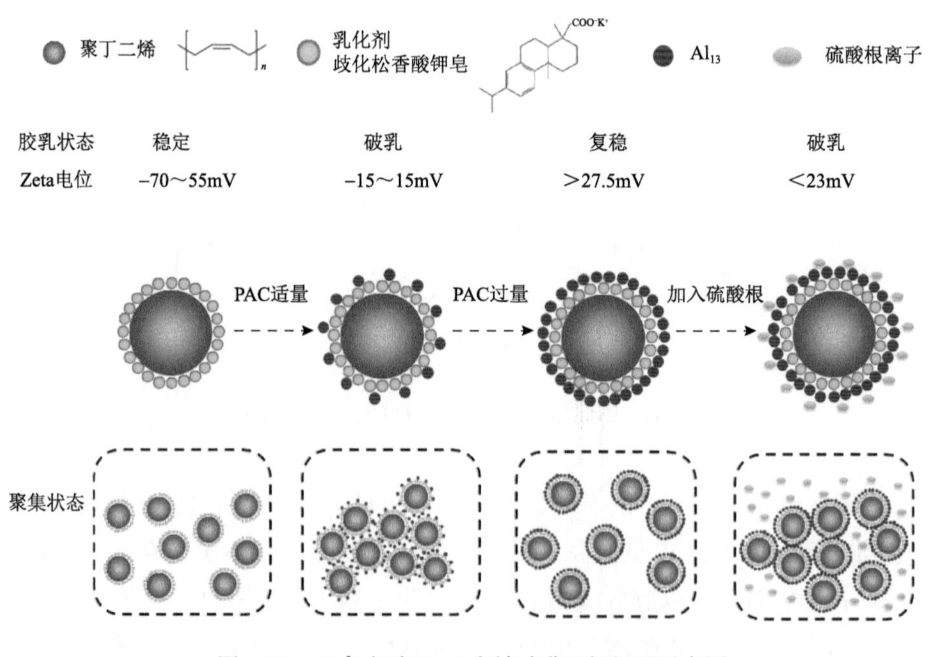

图 4-35　SO_4^{2-} 拓宽 PAC 有效破乳区间机理示意图

按照 1∶5 的比例投加少量硫酸根后，不同 PAC 投加量下的聚丁二烯废水中 SS 及 COD 去除率如图 4-36 所示。由图可知，复配硫酸根后，PAC 投加量在 75 mg/L 时（硫酸根投加 15 mg/L），即可达到明显的破乳效果，COD 和 SS 去除率均可达到 94%以上，单独投加 $CaCl_2$ 和 $MgCl_2$ 时，投加量在 750 mg/L 时，才出现明显的破乳效果，此时 COD 去除率仅 60%左右，SS 去除率仅 70%左右，投加量达 1000 mg/L 时，才可达到与复配 PAC 类似的处理效果。复配破乳剂投加量较传统钙、镁类破乳剂减少 90%以上，并消除传统 PAC 破乳剂的有效作用区间限制。

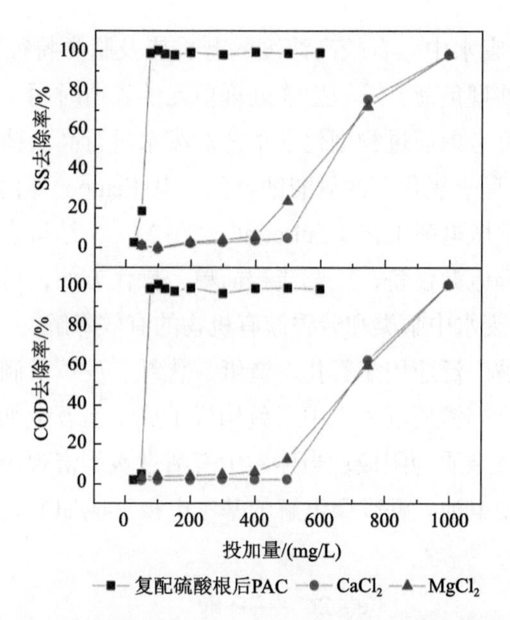

图 4-36　复配混凝剂与传统混凝剂投加量和去除效果对比

混凝气浮进出水 SS 浓度及其去除率（图 4-37）表明，虽然 ABS 树脂生产废水 SS 浓度在较大范围内波动，但 SS 去除效果较为稳定，气浮出水中 SS 浓度一直在 70 mg/L 以下，去除率都在 90%以上，大部分时间在 95%以上。

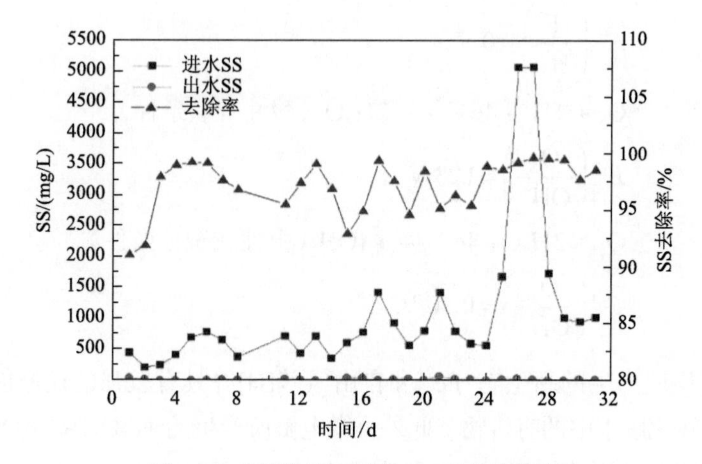

图 4-37　混凝气浮进出水 SS 及其去除率

4.4.2　溶解性污染物的强化降解预处理

1. 技术原理

ABS 树脂生产废水中含有较高浓度的芳香族及腈类特征有机物，为减小后续生物处理单元的处理负荷，缩短生物处理单元的停留时间，减小废水污染治理工程的占地面积，可考虑通过物理化学工艺对废水进行高负荷预处理。有学者对比了 Fenton 氧化、臭氧氧化、次氯酸钠氧化、电 Fenton 等化学氧化工艺（赖波等，2012）以及铁碳微电解工艺（Lai et al.，2012a），结果表明，铁碳微电解工艺不需昂贵的电极和电源设备，工艺流程简单，操作方便，可在较短停留时间内实现 ABS 树脂生产废水中腈类和芳香族有机物的有效降解。

近年来，铁屑被广泛应用于石化、造纸、化纤、皮革及制药等有毒、难降解工业废水的预处理。当铁屑浸入水中时就构成了成千上万个细小的微观电池，纯铁为阳极，碳化铁及杂质为阴极；当体系中有活性炭等宏观阴极材料时，铁屑与活性炭之间形成宏观电池。铁碳微电解的基本电极反应如下。

阳极（氧化）：

$$Fe-2e^- \longrightarrow Fe^{2+}$$

$$E^{\ominus}\left(\frac{Fe^{2+}}{Fe}\right)=-0.044\ V$$

阴极（还原）：

$$2H^+ + 2e^- \longrightarrow 2[H] \longrightarrow H_2\uparrow\text{（酸性条件）}$$

$$E^{\ominus}\left(\frac{H^+}{H_2}\right)=0\ V$$

$$O_2 + 4H^+ + 4e^- \longrightarrow 2H_2O\text{（酸性有氧条件）}$$

$$E^{\ominus}\left(\frac{O_2}{OH^-}\right)=1.23\ V$$

$$O_2 + 2H_2O + 4e^- \longrightarrow 4OH^-\text{（中性或碱性条件）}$$

$$E^{\ominus}\left(\frac{O_2}{OH^-}\right)=0.40\ V$$

微电解反应产生的新生态 Fe^{2+}和自由氢基[H]等具有较强的还原能力，能够高效地还原转化废水中的有机物。此外，微电解所产生的 $Fe(OH)_2/Fe(OH)_3$ 絮状物还可通过吸附和共沉等物理作用去除废水中部分有机物。

2. 影响因素与工艺优化

1）进水 pH 的影响

在 pH 由 4 升至 8 的过程中，COD 去除率和氨氮转化率受影响较小，基本都在 50%左右（图 4-38、图 4-39），COD 去除率呈现 pH 4＞pH 6＞pH 8 的规律。废水中 GC-MS 检出的 3 种芳香族有机物和 5 种腈类有机物均得到有效去除（图 4-40）。废水可生化性得到明显改善，进水 BOD_5/COD 为 0.32，经铁碳微电解处理后 BOD_5/COD 均提高到 0.6 以上，特别是，进水 pH 4 出水的 BOD_5/COD 达 0.71（图 4-41）。

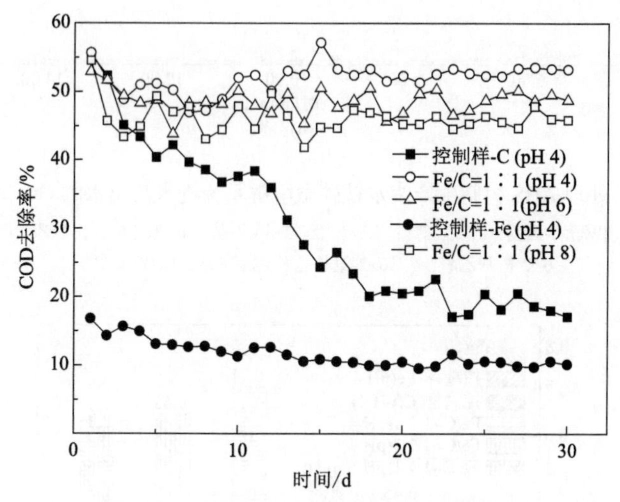

图 4-38　进水 pH 对 COD 去除率的影响

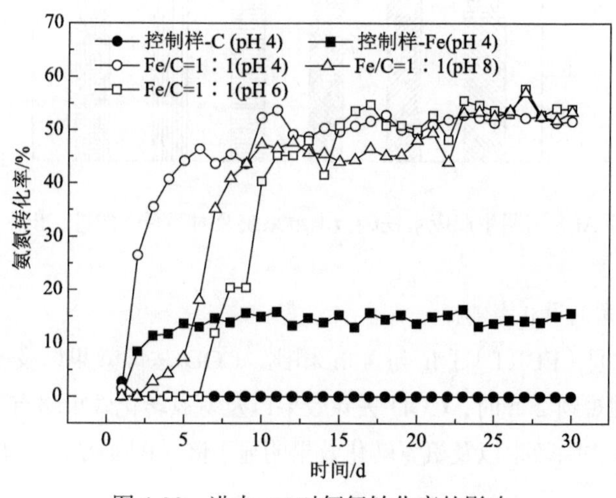

图 4-39　进水 pH 对氨氮转化率的影响

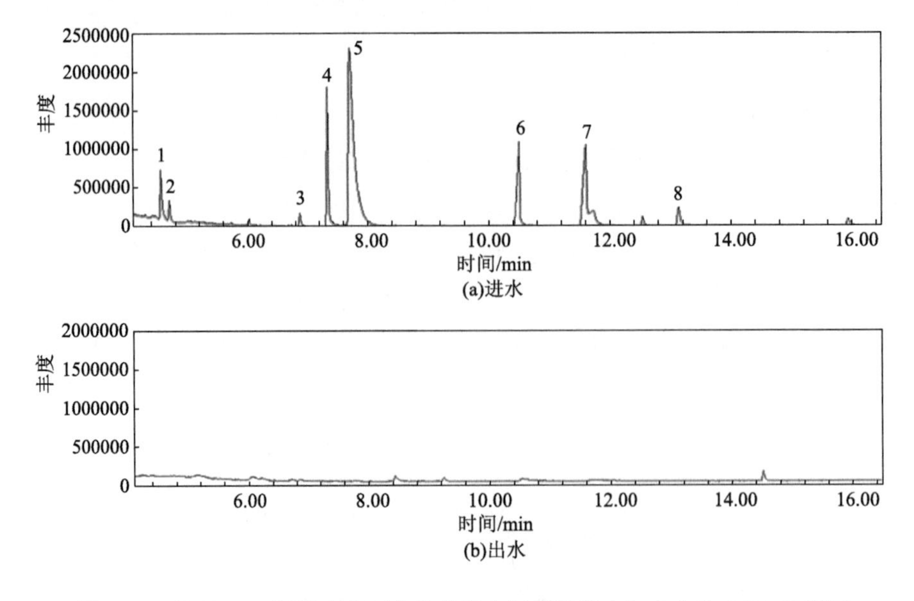

图 4-40　处理 ABS 树脂生产废水铁碳微电解系统进水与出水的 GC-MS 谱图

1. 3-(二甲氨基)-丙腈；2. 苯乙烯；3. 3-(二乙氨基)-丙腈；4. 苯乙酮；5. 2-苯异丙醇；
6. 2-氰基乙醚；7. 双(2-氰基乙基)胺；8. 3,3-硫代丙二腈

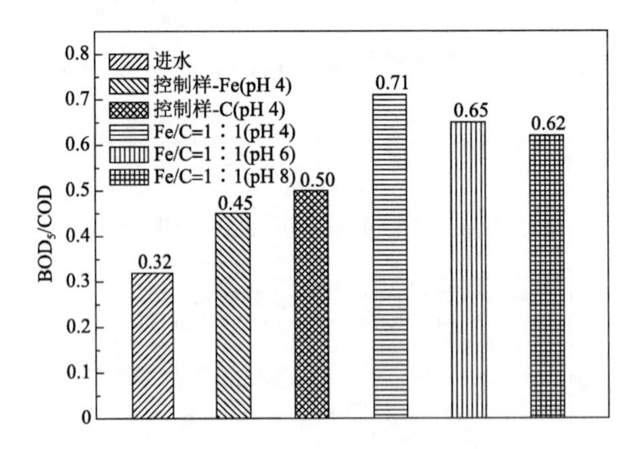

图 4-41　处理 ABS 树脂生产废水铁碳微电解系统及对照系统的进、出水 BOD_5/COD

2）空床停留时间的影响

空床停留时间（EBRT）3 h 与 4 h 相比，COD 去除效果以及氨氮转化效果相近，当 EBRT 缩短到 2 h 时，COD 去除效果以及氨氮转化效果略有下降，当 EBRT 为 1 h 时，COD 去除效果以及氨氮转化效果明显下降（图 4-42、图 4-43）。

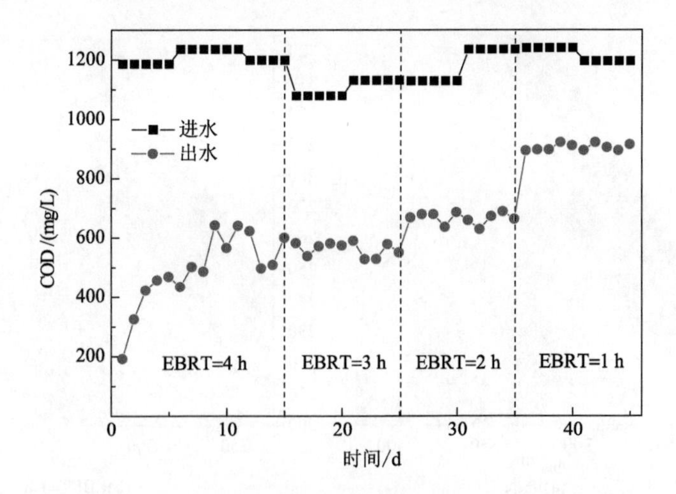

图 4-42 EBRT 对铁碳微电解处理出水 COD 的影响

进水 pH 4.0，反应温度 30℃

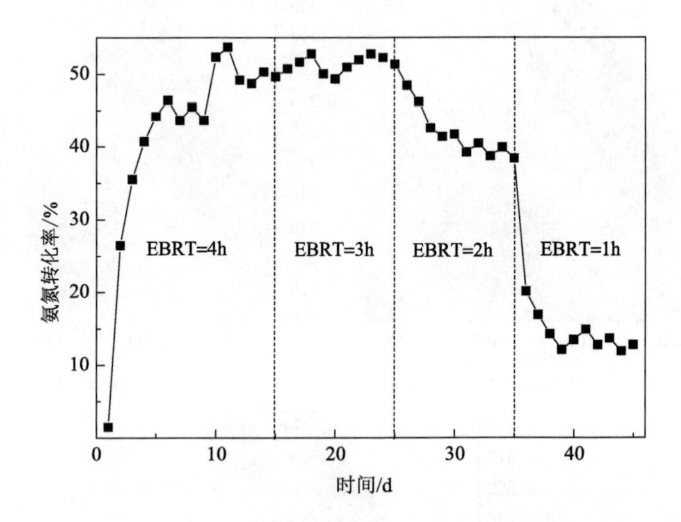

图 4-43 EBRT 对铁碳微电解系统氨氮转化率的影响

三维荧光光谱结果表明，当 EBRT 为 1 h 时，铁碳微电解系统进出水三维荧光光谱差别不大，芳香族有机物去除效果较差；当 EBRT 增至 4 h 时，出水的总荧光强度削减率由 5.2%逐渐增至 80.7%，表明芳香族有机物得到有效去除（图 4-44、表 4-13）。

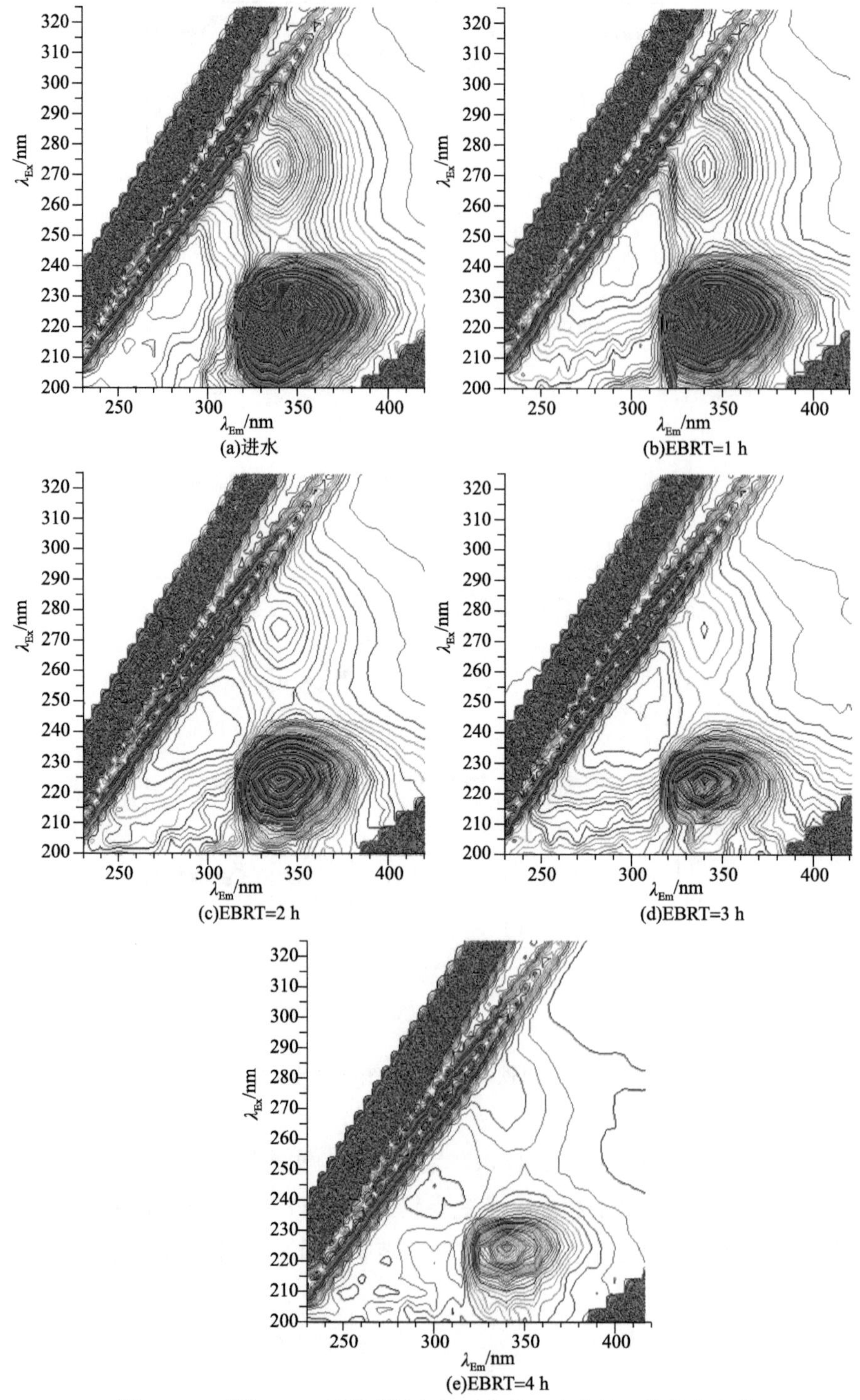

图 4-44　不同 EBRT 下铁碳微电解系统进、出水的三维荧光光谱

表 4-13 不同 EBRT 下铁碳微电解系统进出水的荧光峰强度

项目	峰 A		峰 B		荧光强度削减率/%
	$\lambda_{Ex}/\lambda_{Em}$	强度	$\lambda_{Ex}/\lambda_{Em}$	强度	
进水	225/346	1741	274/346	223.8	
出水（EBRT=1 h）	225/346	1642	274/346	220.2	5.2
出水（EBRT=2 h）	225/346	825	274/346	115.0	50.9
出水（EBRT=3 h）	225/346	635	274/346	84.1	63.4
出水（EBRT=4 h）	225/346	331	274/346	47.5	80.7

因此，在反应温度为 30℃、废水 pH 为 4.0 的条件下，铁碳微电解系统的废水处理效率随着 EBRT 的增加而逐渐提高，当 EBRT 为 3～4 h 时，铁碳微电解系统可有效去除废水中芳香族和腈类有机物。

3）铁碳微电解-生物流化床预处理工艺

ABS 树脂生产废水经铁碳微电解预处理后，可生化性显著提高，可采用生物法进行后续处理。铁碳微电解-生物流化床预处理工艺对 ABS 树脂生产废水的处理效果表明（Lai et al.，2012b），工艺总水力停留时间（hydraulic retention time，HRT）为 6～12 h，COD 去除率达 90%以上，出水 COD 浓度小于 100 mg/L，此工艺停留时间远低于传统处理工艺 2～4 d 的停留时间（图 4-45）。

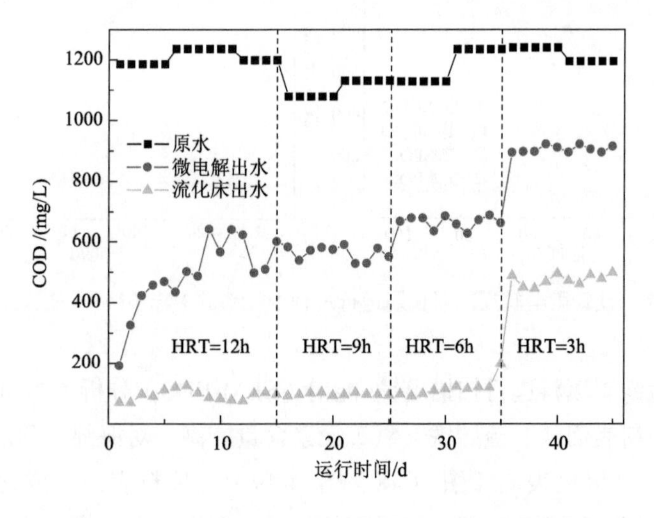

图 4-45 不同 HRT 下组合工艺对 COD 的去除情况

3. 技术效果

在进水 pH 为 4.0～8.0、EBRT 为 2～4 h 时，铁碳微电解系统能够高效地分解转化 ABS 树脂生产废水中芳香族及腈类有机物，破坏其苯环或腈基结构，将腈类有机物转化为氨氮或者其他含氮化合物，使废水的 BOD_5/COD 由 0.32 提高至 0.71，废水可生化性改善。

通过铁碳微电解-生物流化床预处理工艺处理 ABS 树脂生产废水，工艺总 HRT 为 6～12 h，COD 去除率达 90%以上，出水 COD 为 100 mg/L 以下。

4. 铁碳填料板结控制

在铁碳微电解反应器运行过程中，铁碳颗粒易结垢钝化，造成反应器污染物去除效率下降，这种现象称为填料板结。为有效控制填料板结问题，作者团队对铁碳颗粒表面的结垢层化学组成进行了解析，进而提出了结垢层的消除措施。

由图 4-46 可以看出，铁碳微电解反应器处理 ABS 树脂生产废水，运行 40 d 后，出水 COD 和磷酸盐浓度开始升高，出水总铁浓度开始下降，表明铁碳填料开始发生板结，反应器运行第 90 d，出水 COD 和磷酸盐浓度与进水相近，表明铁碳填料完全板结失效，去除效果丧失。

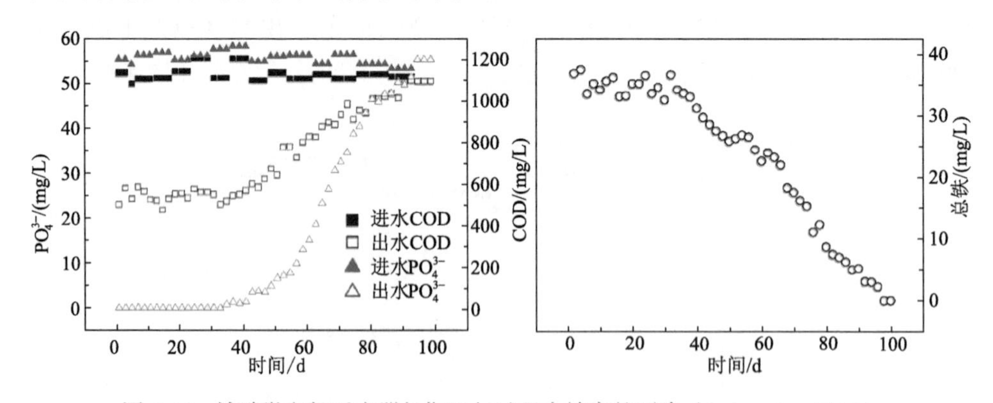

图 4-46　铁碳微电解反应器长期运行过程中效率的下降（Lai et al.，2014）

对板结后铁碳填料进行扫描电镜-能谱（SEM-EDS）分析（图 4-47），结果表明，板结填料表面磷、硫、铁、氧等元素含量较高。对海绵铁和活性炭颗粒截面的元素分析结果也表明（图 4-48、图 4-49），填料表面形成含有磷、硫、铁、氧的结垢层。随着反应器运行时间的延长，海绵铁颗粒表面磷、硫、氧及活性炭颗粒表面磷、硫、氧、铁含量不断升高，与污染物去除效果的下降过程相一致。针对填料颗粒表面的 XRD 分析结果（图 4-50）进一步表明，板结填料表面结垢层的主要成分为 $Fe_3(PO_4)_2 \cdot 8H_2O$、$FePO_4 \cdot 3H_2O$、Fe_2O_3、Fe_3O_4 和 FeS。上述结果表明，在铁碳填料颗粒表面磷酸铁、硫化亚铁等结垢层的形成是填料板结、污染物去除效率下降的主要原因。

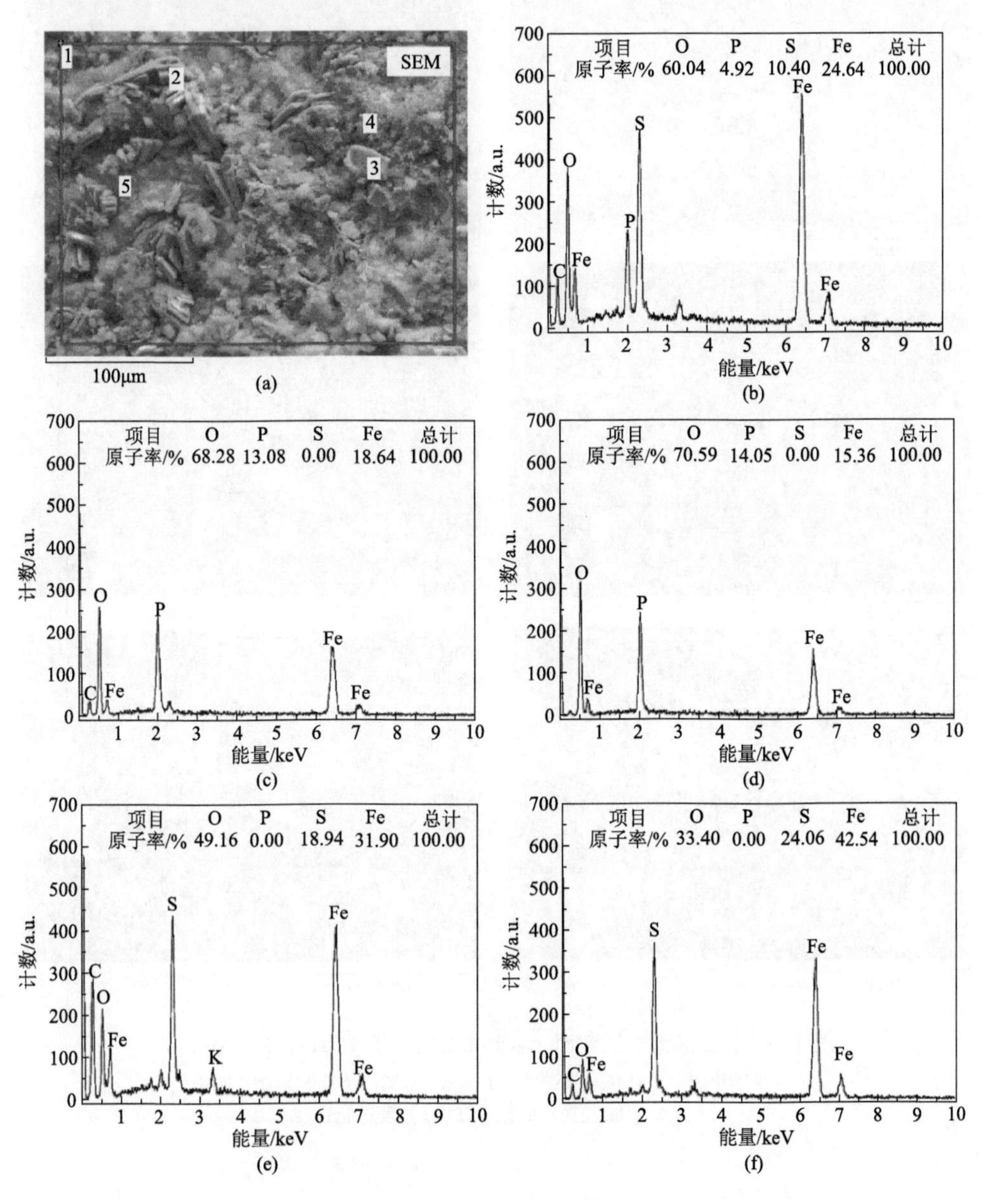

图 4-47　板结后海绵铁表面 SEM-EDS 分析结果（Lai et al.，2012a）

图（a）中 1 代表分图（b）；2 代表分图（c）；3 代表分图（d）；4 代表分图（e）；5 代表分图（f）

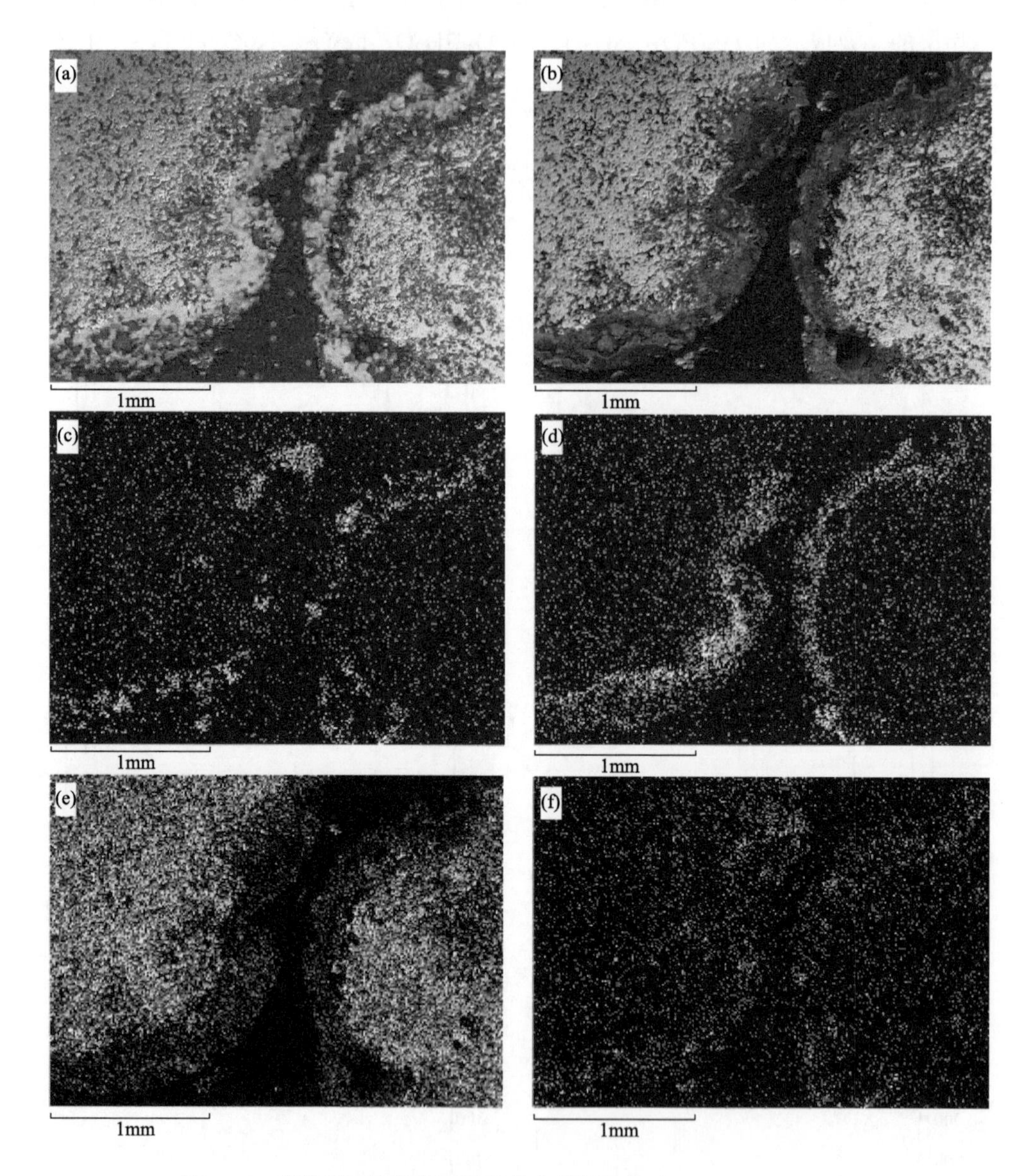

图 4-48　板结后海绵铁截面元素分布分析结果（Lai et al.，2012a）

（a）复合谱图；（b）灰度图；（c）P 元素分布图；（d）S 元素分布图；（e）Fe 元素分布图；（f）O 元素分布图

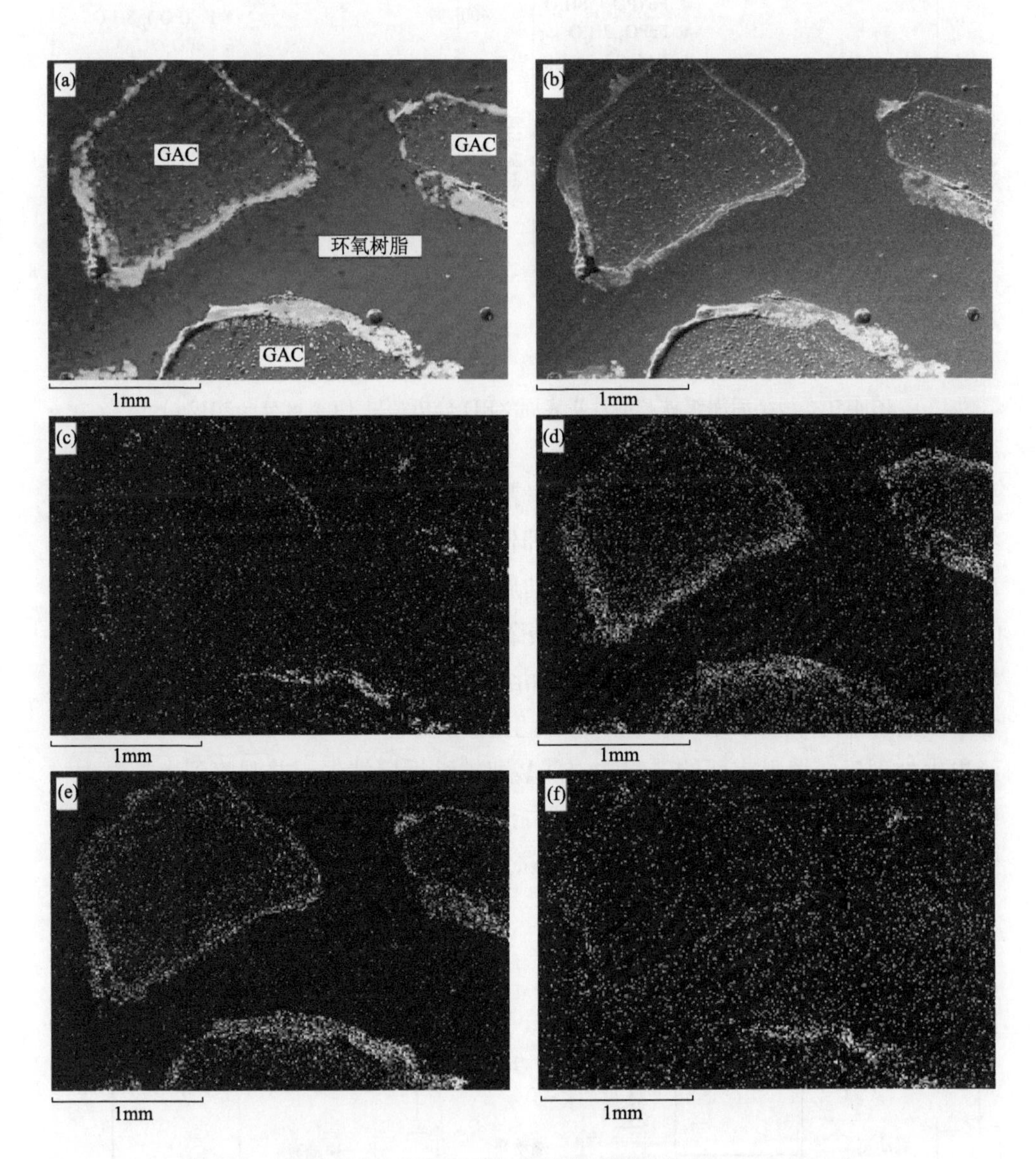

图 4-49　板结后活性炭截面元素分布分析结果（Lai et al.，2012a）

（a）复合谱图；（b）灰度图；（c）P 元素分布图；（d）S 元素分布图；（e）Fe 元素分布图；（f）O 元素分布图

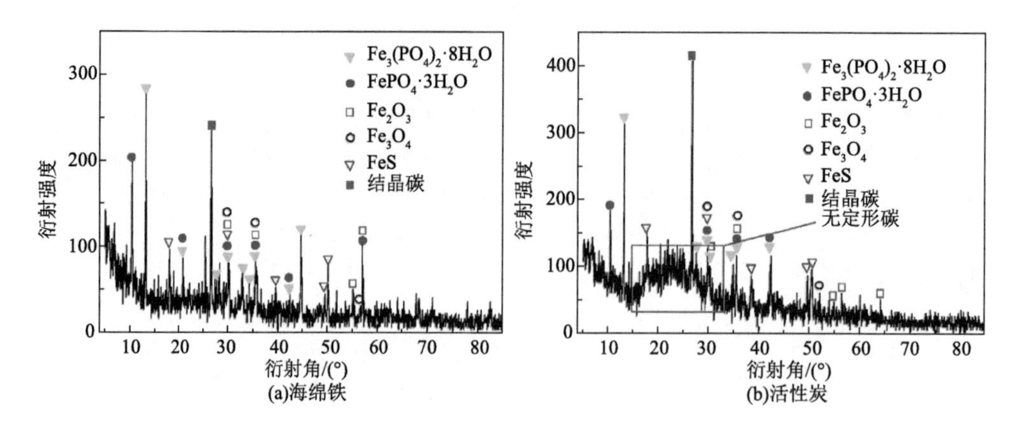

图 4-50　板结后海绵铁和活性炭表面 XRD 分析结果（Lai et al.，2012a）

为对板结后铁碳填料进行再生，作者团队提出了用铁碳微电解出水促进板结填料生物再生的方法（图 4-51），即铁碳微电解出水经石灰中和沉淀后，用硫酸调节 pH 至弱酸性，然后通入板结后的铁碳微电解反应器。运行结果表明（图 4-52），第 4 d 开始，板结后的铁碳微电解反应器出水磷酸盐浓度升高，表明填料结垢层（含磷酸铁、磷酸亚铁）开始溶解，至 30 d，出水磷酸盐浓度降至较低水平，板结填料再生完成。板结海绵铁再生前、后的 SEM 照片表明（图 4-53），经再生处理后，填料表面的磷酸铁、磷酸亚铁结垢层消失，并观察到大量微生物细胞，表明微生物在填料再生过程中可能发挥重要作用。但填料表面仍可观察到明显的硫化亚铁结垢，铁碳填料再生方法还需进一步完善。

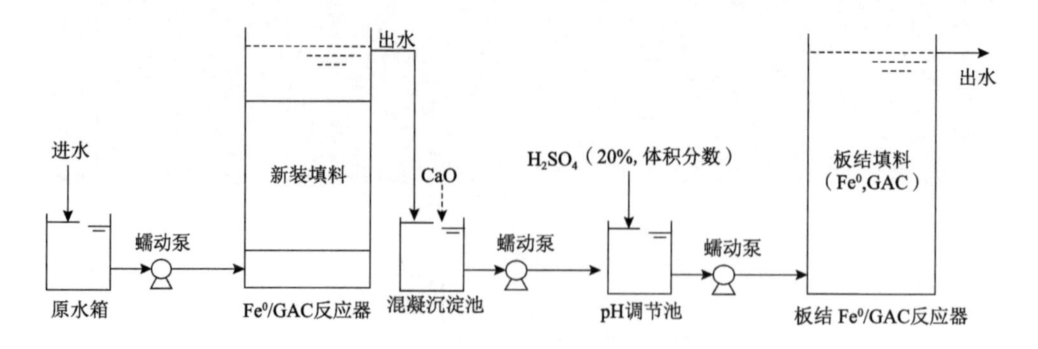

图 4-51　铁碳微电解出水用于板结铁碳填料再生的工艺流程（Lai et al.，2012c）

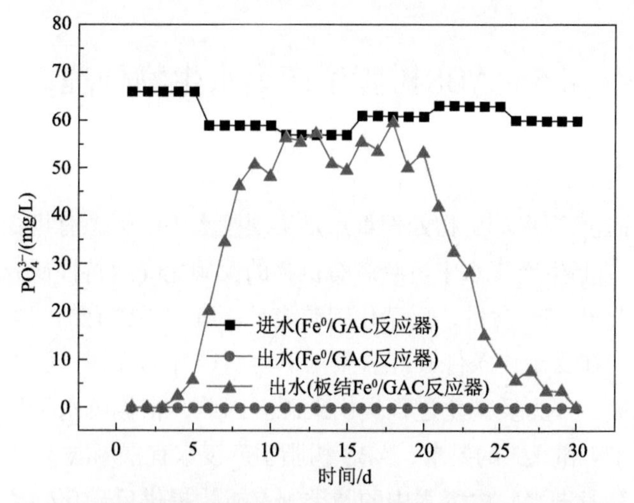

图 4-52　铁碳微电解出水用于板结铁碳材料再生的运行结果

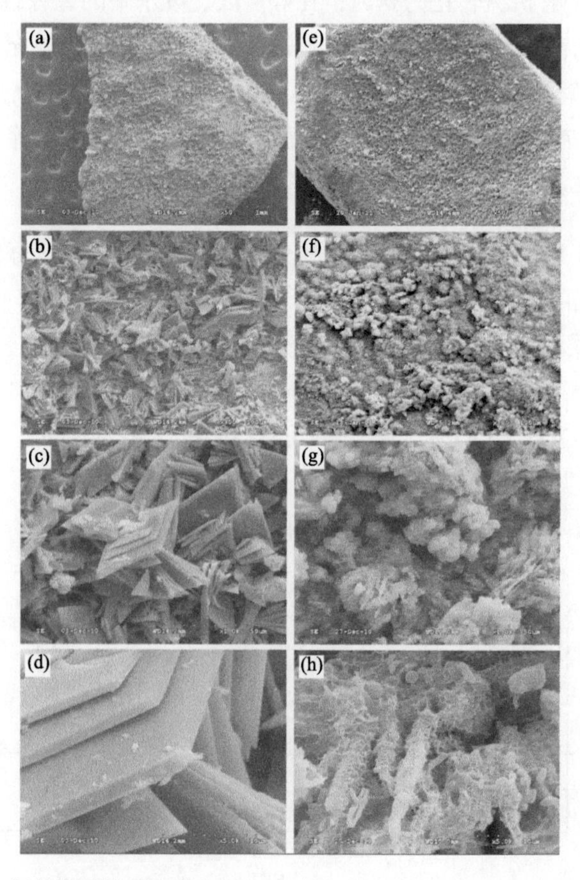

图 4-53　板结海绵铁再生前[（a）～（d）]、后[（e）～（h）]SEM 照片

4.5　ABS树脂生产废水生物处理

1. 技术原理

ABS 树脂生产废水的生物处理重点是实现废水中溶解态有机物及氮的生物降解去除。ABS 树脂生产废水中溶解态有机物的反硝化降解特性研究结果表明，废水反硝化潜势大于 TN 含量，反硝化碳源充足。废水中含有的腈类和芳香族类特征有机物可分别在反硝化条件和好氧条件下得到很好的降解，腈类在反硝化条件下降解释放氨氮，并为反硝化过程提供碳源。因此，根据废水污染物降解特性以及排放标准对 TN 和氨氮的要求，ABS 树脂生产废水宜采用缺氧-好氧处理工艺进行处理：在缺氧段进水，由废水中的腈类等有机物提供反硝化碳源，实现废水中 TN 的去除，并将有机氮转化为氨氮；在好氧段，废水中的芳香族有机物等得到降解，氨氮转化为硝酸盐氮，实现氨氮的去除。由于反硝化碳源充足，只要保证缺氧段和好氧段适宜的氧化还原条件、HRT 和足够大的硝化液回流比，就能够保证生物处理单元对 TN、氨氮以及腈类和芳香族类特征有机物的去除效果。

2. 影响因素及工艺优化

ABS 树脂生产废水生物处理的关键影响因素包括 HRT、好氧区与缺氧区体积比、回流比、混合液温度等。

1）HRT 的影响

HRT 对废水污染物的去除效果具有显著影响。当 HRT 为 24 h 时，可去除废水中的大部分 COD，COD 平均去除率可达 86.9%（图 4-54），可将检出的挥发性、半挥发性腈类和芳香族类有机物充分去除（图 4-55）。进一步延长 HRT 至 36 h 以上，COD 平均去除率还可进一步提高到 87.4%～88.4%。

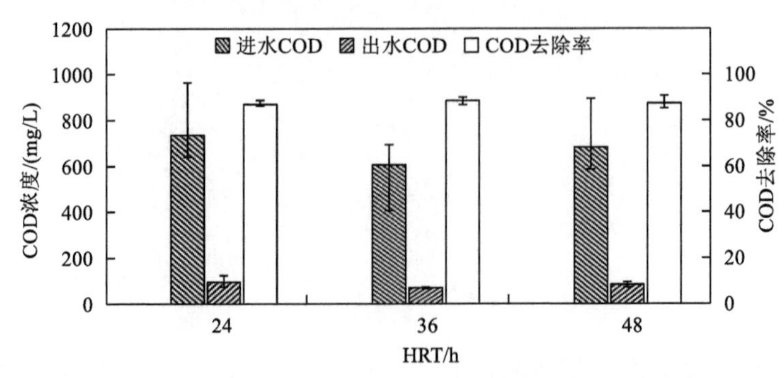

图 4-54　不同 HRT 的进、出水 COD 浓度及 COD 去除率

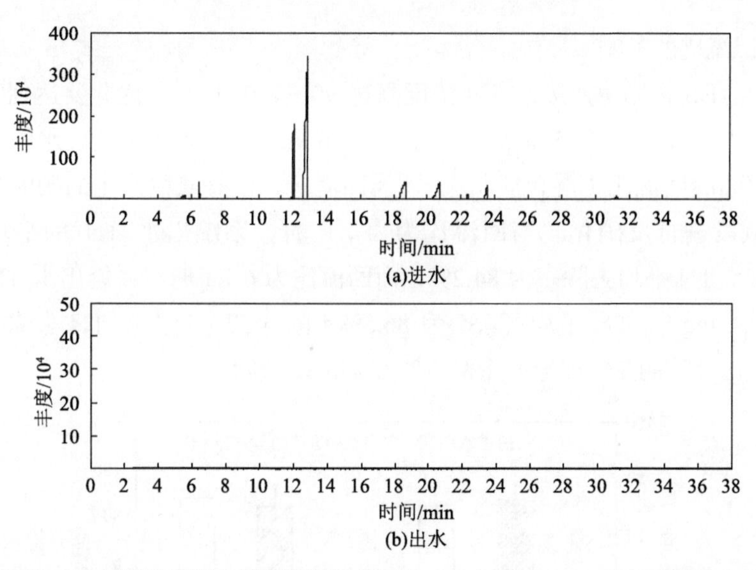

图 4-55　处理 ABS 树脂生产废水活性污泥反应器进、出水的 GC-MS 总离子流图（HRT=24h）

2）好氧区与缺氧区体积比的影响

ABS 树脂生产废水中的氮以有机氮为主，因而氨氮和总氮的去除效果不仅取决于总的停留时间，还取决于缺氧段和好氧段的停留时间。为降低能耗，将好氧区溶解氧设定在 1 mg/L，考察反应器好氧段和缺氧段各自需要的停留时间。结果表明（图 4-56），要保障出水氨氮浓度达到 5 mg/L 以下，TN 浓度达到 15 mg/L 以下，好氧区 HRT 应在 18.3 h 以上（含 18.3 h），缺氧区 HRT 应在 7.0 h 以上（含 7.0 h），挥发性悬浮固体（VSS）浓度约 4.9 g/L，按照上述结果计算，好氧区氨氮处理负荷为每天 18.7 g NH_4^+-N/kg VSS，缺氧区反硝化负荷为每天 59.5 g NO_3^--N/kg VSS。

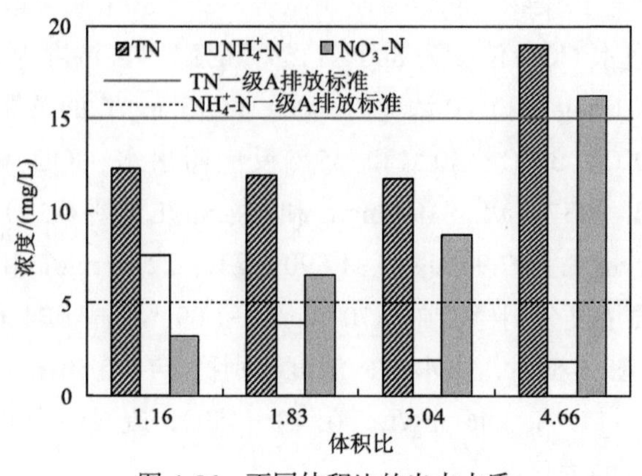

图 4-56　不同体积比的出水水质

3）回流比的影响

由于 ABS 树脂生产废水 TN 浓度高达 90～120 mg/L，因此要达到废水排放标准的特别排放限值（15 mg/L），且通过缺氧段的反硝化实现废水脱氮，必须保证足够高的回流比（混合液回流+污泥回流），使好氧段产生的硝酸盐氮充分进入缺氧段进行反硝化。当回流比为 4∶1 时，系统出水 TN 的平均浓度为 10.6 mg/L，TN 平均去除率为 84.2%，而回流比为 6∶1 时，系统出水 TN 的平均浓度为 9.4 mg/L，TN 平均去除率为 86.5%（图 4-57）。上述 TN 去除率略高于按照回流比计算的 TN 理论去除率（80.0%和 85.7%）。

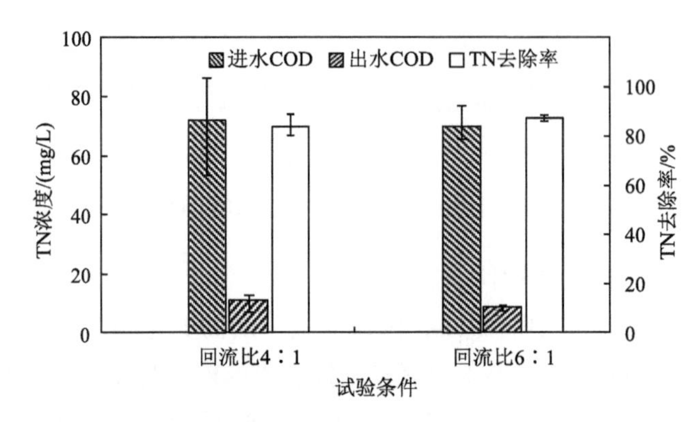

图 4-57　不同回流比的进、出水 TN 浓度及 TN 去除率

4）混合液温度的影响

由于 ABS 接枝胶乳凝聚过程在高温条件下进行（调浆中和温度在 90℃以上），因此，装置排水量最大的凝聚干燥工段废水为高温废水，温度高达 60℃左右，可能对废水生物处理系统产生影响。研究结果表明，在 25～45℃，混合液温度对 A/O 工艺污染物去除效果影响显著，25～30℃效果最佳，45℃出水水质显著恶化。在进水 COD 浓度为 800～1150 mg/L，TN 浓度为 80～123 mg/L、氨氮浓度为 20～81 mg/L 和 TP 浓度为 1.00～11.75 mg/L 的条件下，在稳定运行阶段，25℃、30℃、35℃、40℃和 45℃反应器出水 COD 浓度分别稳定在 95 mg/L、94 mg/L、137 mg/L、194 mg/L 和 231 mg/L（图 4-58）；出水 TN 浓度分别稳定在 16.69 mg/L、17.90 mg/L、17.90 mg/L、22.56 mg/L 和 67.17 mg/L（图 4-59）；出水氨氮浓度分别稳定在 0.70 mg/L、1.09mg/L、1.74 mg/L、2.49 mg/L 和 55.44 mg/L（图 4-60）；出水 TP 浓度分别稳定在 0.50 mg/L、0.50 mg/L、0.70 mg/L、1.40 mg/L 和 3.46 mg/L。在 25～45℃，废水中检出的腈类和芳香族有机物均得到很好的去除。

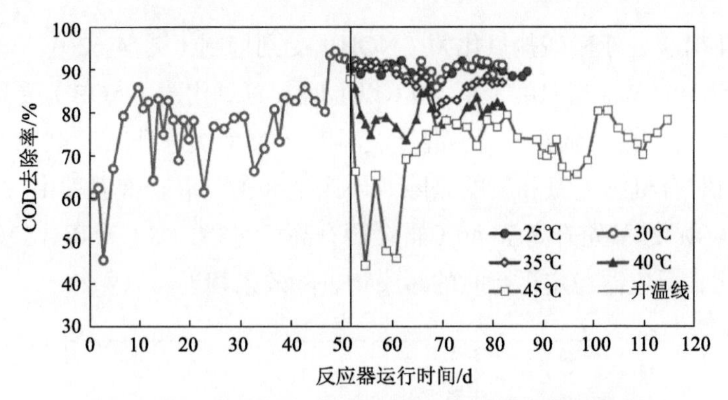

图 4-58　反应器运行温度对废水 COD 去除率的影响

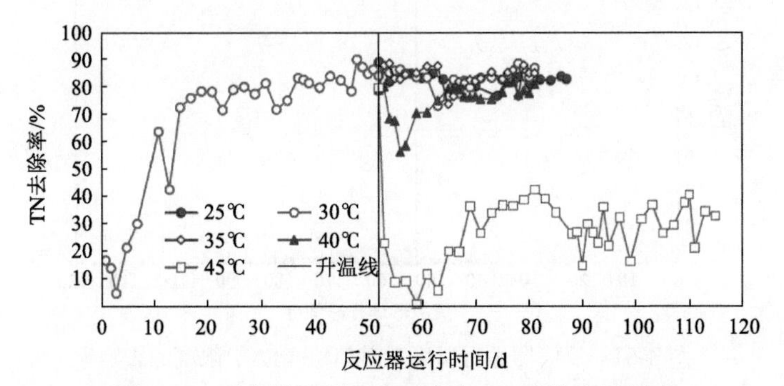

图 4-59　反应器运行温度对废水 TN 去除率的影响

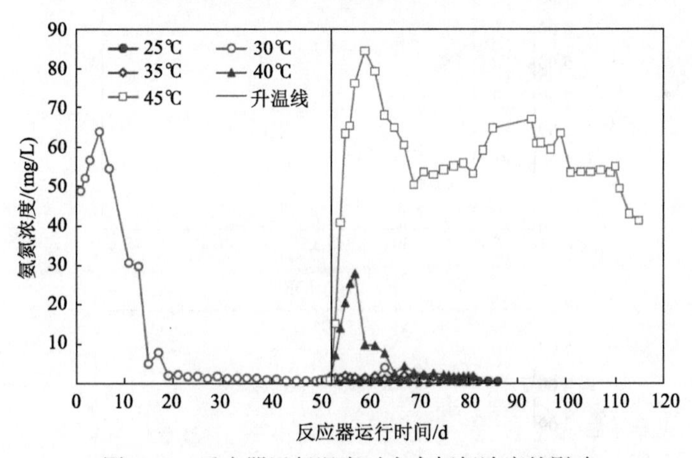

图 4-60　反应器运行温度对出水氨氮浓度的影响

随着温度升高，活性污泥胞外聚合物（EPS）含量降低、溶解性微生物代谢产物增加、丝状菌增多、污泥沉降性能下降，出水中溶解性及悬浮态有机物增加是出水 COD 浓度升高的主要原因。当混合液温度升至 35℃以上时，游离氨浓度增大（图 4-61），亚硝酸盐氧化菌（NOB）受到抑制（图 4-62），导致 NO_2^--N 的积累（图 4-63），当温度升至 40℃以上时，氨氧化菌（AOB）受到明显抑制（图 4-62），出水氨氮显著升高。混合液温度由 25℃快速升温至 40℃及以上时，在短时间内对有机物、氮和磷的去除效果产生冲击。混合液温度由 25℃直接升高至 45℃与由 25℃先升高至 40℃再缓慢升高至 45℃（8d 升高 1℃和 8d 升高 2.5℃）相比，反应器稳定运行时的污染物去除效果相近。

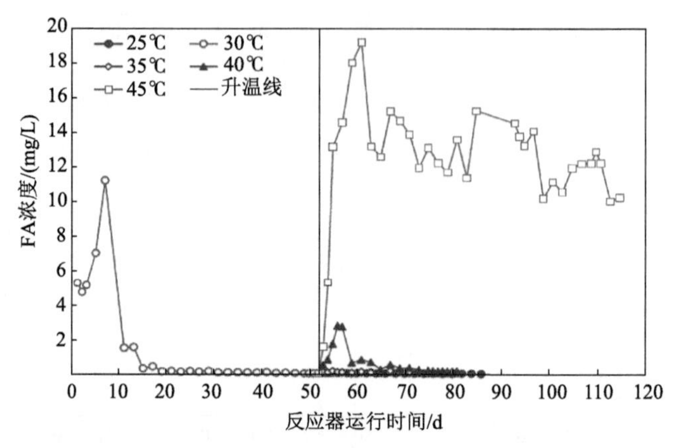

图 4-61　反应器运行温度对游离氨（FA）浓度的影响

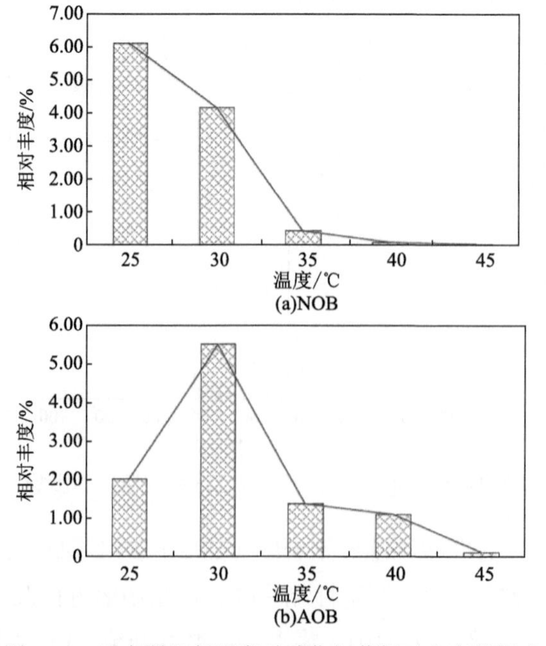

图 4-62　反应器运行温度对硝化细菌相对丰度的影响

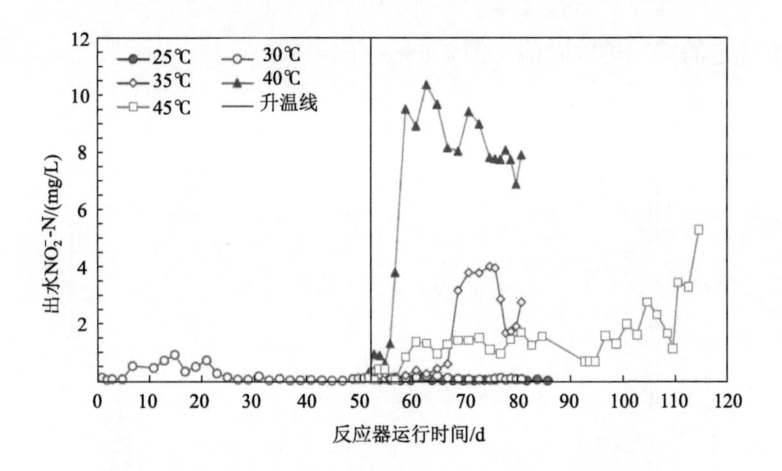

图 4-63　反应器运行温度对出水 NO_2^--N 浓度的影响

4.6　ABS 树脂生产废水深度处理

ABS 树脂生产废水经生物处理后，通常难以稳定达到《合成树脂工业污染物排放标准》（GB 31572—2015），特别是难以稳定达到该标准规定的特别排放限值。当 ABS 树脂生产废水需要单独处理达标排放时，就需要对该废水进行深度处理。生物处理出水水质与《合成树脂工业污染物排放标准》（GB 31572—2015）相比，主要超标污染物为 COD 和 TP。

对 ABS 树脂生产废水 A/O 工艺处理出水的分析结果表明，悬浮有机物及分子量 100 kDa 以上的大分子物质 TOC 贡献率为 39.45%（图 4-64），因此可通过混凝沉淀实现出水 COD 的大量去除。另外，混凝沉淀是废水深度处理除磷的常用技术。因此，对生物处理出水进行混凝沉淀处理有望实现 ABS 树脂生产废水的稳定达标。

选用氯化铁为混凝剂、阳离子型聚丙烯酰胺为助凝剂深度处理混凝气浮-A/O 工艺出水时 COD 和 TP 去除效果较好，优化工艺条件是三氯化铁浓度为 200 mg/L，阳离子型聚丙烯酰胺浓度为 5 mg/L，200 r/min 混合搅拌 1 min，50 r/min 絮凝搅拌 15 min，沉淀 30 min。当进水 pH 为 5～7 时，处理效果较好。优化工艺条件下混凝沉淀出水 TP 及 COD 浓度可稳定达到《合成树脂工业污染物排放标准》（GB 31572—2015）规定排放限值，进一步过滤处理后可稳定达到该标准规定的特别排放限值（图 4-65～图 4-67）。

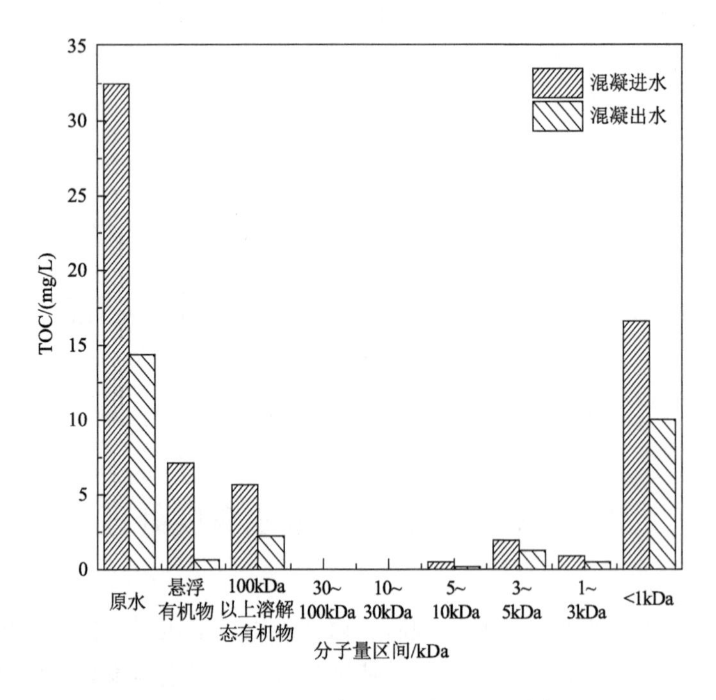

图 4-64　混凝沉淀进、出水分子量分布

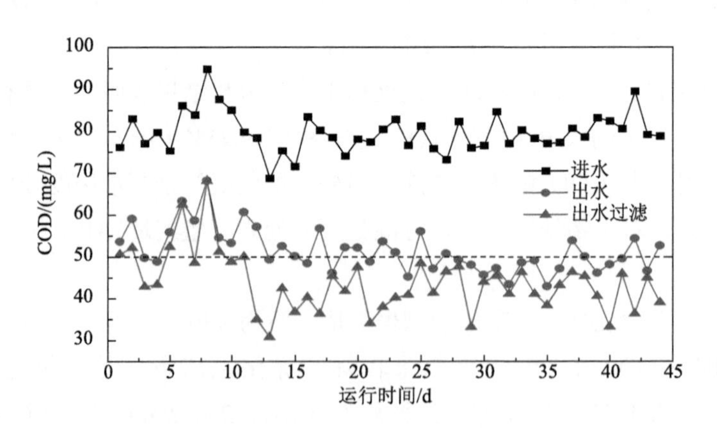

图 4-65　混凝沉淀处理 ABS 树脂生产废水生物处理出水的 COD 去除效果

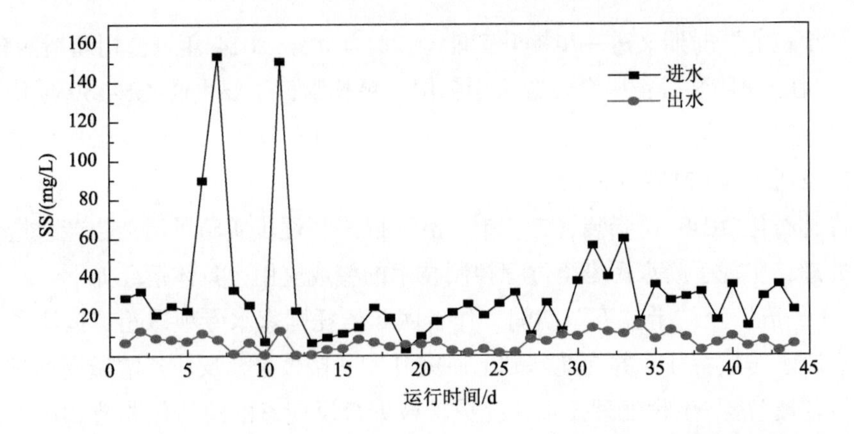

图 4-66　混凝沉淀处理 ABS 树脂生产废水生物处理出水的 SS 去除效果

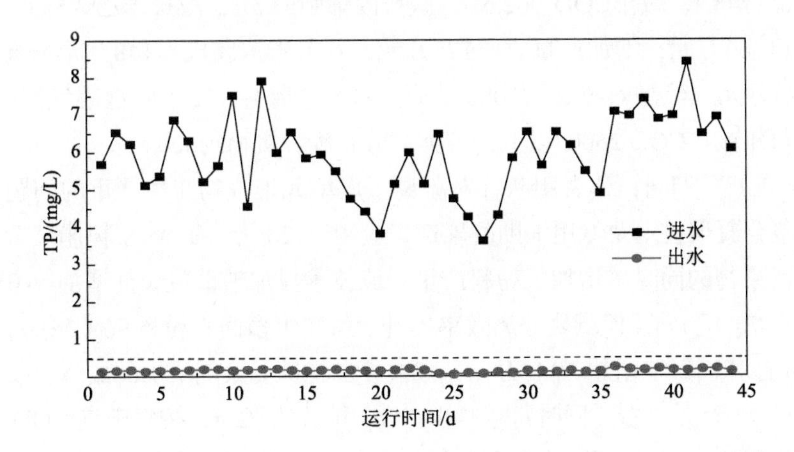

图 4-67　混凝沉淀处理 ABS 树脂生产废水生物处理出水的 TP 去除效果

4.7　技术集成应用实例

吉林石化拥有 ABS 树脂装置，产能为 60 万 t/a，是中国大陆产量规模第三大生产基地。共有三套 20 万 t/a 装置，全部采用乳液接枝-本体 SAN 掺混法工艺。其中，第一套 ABS 树脂装置于 1994 年 12 月开工建设，1997 年 10 月投产运行，是该公司 30 万 t 乙烯工程的主装置之一，是引进日本合成橡胶公司（JSR）乳液接枝-连续本体 SAN 掺混技术，可生产 9 种牌号的 ABS 产品。其原设计产能为 10 万 t/a，2002 年引进日本 TPC 公司高含胶量 ABS 粉料技术对装置进行改造，将产能提至 15.8 万 t/a，2003 年通过挖潜改造将产能提高至 18 万

t/a，“十三五”时期又进一步提升产能至 20 万 t/a。2014 年该公司新增两套 20 万 t/a ABS 树脂装置：一套装置采用韩国三星技术，主要生产 GE-150 通用料及 PT-151 喷涂料等专用料产品；另一套装置采用自有技术，生产高端白色家电料 0215H 及通用料 0215A（SQ）。

吉林石化 ABS 树脂装置自“十一五”以来，逐步实施了清洁生产改造和废水预处理，实现了废水污染全过程控制技术的集成应用，具体情况如下。

“十一五”至“十二五”期间，作者团队依托国家水专项课题，摸清了装置各节点废水排放特征，并在此基础上研究开发了接枝聚合反应釜清釜周期延长技术以及混凝气浮-生物处理技术，完成接枝聚合反应釜的清洁化改造和污水预处理工程。每年约减排聚合釜清釜废水14800 t，增收聚合物粉料382.8 t，增收ABS树脂产品1748 t，减排COD 902.5 t，减排丙烯腈53.5 t，减排苯乙烯55.6 t，增加粉料收益306万元，增加产量收益175万元，年节省清胶成本148万元，节约排污费451.25万元，经济效益合计1080万元。ABS树脂生产废水的混凝气浮-生化预处理，每年减排COD 2600 t以上，腈类、芳香族有机物约600 t。

“十三五”期间，作者团队针对凝聚干燥单元聚合物流失严重的问题，研究开发了复合凝聚技术及专用辅助凝聚剂，应用于 20 万 t/a ABS 树脂装置，在源头减排污染物的同时，增加了粉料产量。该技术投加辅助凝聚剂增加 ABS 粉料生产成本 70 万元/a，但凝聚分离效率提升后每年可多回收粉料 96 t，按每吨粉料 1.5 万元计算，每年创效 144 万元，减去投加辅助凝聚剂增加的成本，每年粉料成本降低 74 万元左右。同时每年减少 COD 排放约 72 t，按每千克 COD 6 元计算，每年创效 43.2 万元。合计每年增加效益 117 万元；降低脱水机电流，提高装置（20 万 t/a ABS 树脂）运行稳定性，增加装置高价产品产量每年间接创效约为 3100 万元。

第5章　腈纶生产废水污染全过程控制

腈纶纤维为三大合成纤维之一，学名聚丙烯腈纤维，是以丙烯腈为主要单体（含量大于 85%）的纤维。其在外观、手感、弹性、保暖性等方面类似羊毛，有“合成羊毛”之称，广泛应用于毛衣、毛毯和人造毛皮等领域。

腈纶聚合工艺分为以水为介质的悬浮聚合和以溶剂为介质的溶液聚合两类。悬浮聚合所得聚合体以絮状沉淀析出，需再溶解于溶剂中制成纺丝溶液。溶液聚合所用溶剂既能溶解单体又能溶解聚合体，所得聚合液直接用于纺丝。溶液聚合所用溶剂有二甲基甲酰胺、二甲基亚砜、硫氰酸钠溶液和氯化锌溶液等。

腈纶聚合物，数均分子量为 53000～106000，热分解温度为 200～250℃，熔点达 320℃。由于其热分解温度低于熔点，因此不能像涤纶、锦纶纤维那样进行熔融纺丝，只能采用溶液纺丝工艺。按照纺丝溶液是否含水分为湿法纺丝和干法纺丝。目前工业化应用的干法纺丝溶剂仅 *N,N*-二甲基甲酰胺（*N, N*-dimethylformamide，DMF）一种，常用的湿法纺丝溶剂包括 *N,N*-二甲基乙酰胺（*N, N*-dimethylacetamide，DMAC）、硫氰酸钠溶液等。

腈纶聚合过程中产生高浓度有机废水，废水中难降解聚合物及丙烯腈等有毒有机物浓度高、末端处理难度大。近年来，依托国家水专项等课题的实施，某些腈纶企业逐步形成了废水污染全过程控制的治理模式，废水污染得到有效控制。

5.1　腈纶生产工艺及废水特征

5.1.1　腈纶生产工艺与废水产生过程

1. DMAC 二步湿法腈纶生产工艺

目前国内未停产腈纶企业均采用二步法工艺，其聚合反应单元均采用水相悬浮聚合工艺。尽管纺丝采用的溶剂不同，但腈纶废水难降解有机物及氨氮主要来自聚合工段，因此，本书以 DMAC 二步湿法腈纶生产工艺为主要对象。

DMAC 二步湿法腈纶生产工艺示意图如图 5-1 所示。丙烯腈、醋酸乙烯等单体、脱盐水和引发剂等，经计量和调配后连续地进入聚合反应釜，在严格控制的条件下进行水相悬浮聚合反应，生成聚合物淤浆；聚合物淤浆连续地流出反应釜，再通过一个蒸馏设备把未反应单体与聚合物分离，未反应的单体返回聚合反应釜重复利用；分离出的聚合物进行水洗过滤、脱水干燥；经脱水干燥后的聚合物进入原液制备工段，与溶剂 DMAC、稳定剂溶液及添加剂混合制得粗原液；加热粗原液使聚合物完全溶解，制成纺丝原液，然后经板框压滤机除去原液中的不溶物和机械杂质；纺丝原液通过计量泵、喷丝头进入由溶剂和水组成的凝固浴中，纺丝原液以液体喷射状离开喷丝头，在凝固浴中脱去溶剂，转变成连续的丝条，丝条排列成丝束绕在导辊上，经水洗、牵伸、上油和干燥，连续地喂入卷曲机；装满卷曲丝束的小车送入定型锅进行汽蒸定型，然后进行丝束切断、打包，或丝束经丝束平衡后直接制造毛条。

溶剂回收是回收纺丝工段来的 DMAC 水溶液，在四效蒸发装置中去除杂质。回收的溶剂供原液制备使用，回收的水用于纺丝、牵伸等。

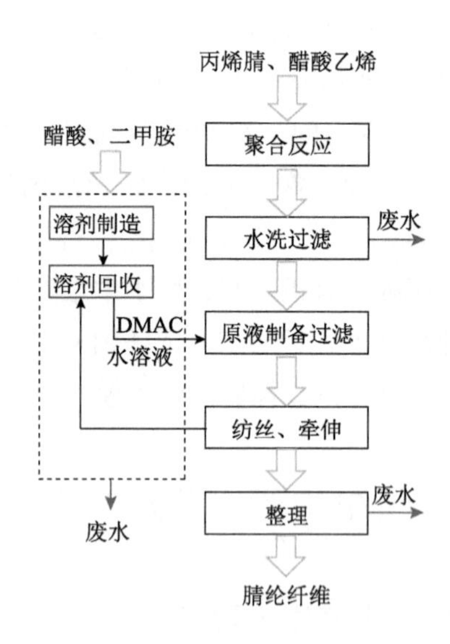

图 5-1　DMAC 二步湿法腈纶生产工艺示意图

2. 废水产生过程

DMAC 二步湿法腈纶生产工艺主要排水节点包括水洗过滤单元、纺丝单元和溶剂回收单元。水洗过滤单元废水产生于腈纶聚合物淤浆过滤、水洗和脱水过程，主要是腈纶聚合母液及清洗水，是腈纶生产装置水量最大、组成最复杂的一股废水。纺丝单元废水主要是腈纶纤维汽蒸定型过程产生的蒸气凝液以及纺丝上油的油剂废水。溶剂回收单元废水主要为凝固浴后水洗废水经溶剂回收单元分离产生的废水。

5.1.2　腈纶生产废水特征

DMAC 二步湿法腈纶生产工艺腈纶装置水洗过滤单元废水、纺丝单元废水、溶剂回收单元废水和其他废水分别占总水量的 65.77%、26.42%、4.12%和 3.69%。各主要单元的排水水质监测结果（表 5-1）表明，水洗过滤单元、纺丝单元和溶剂回收单元废水水质差异明显：水洗过滤单元废水 COD 浓度较高，SS、氨氮、丙烯腈的浓度均高于其他两个单元，且废水呈酸性，而纺丝单元和溶剂回收单元废水污染物以 DMAC 为主，这与腈纶的生产工艺相对应。

表 5-1　腈纶装置各单元排水水质

指标	水洗过滤单元	纺丝单元	溶剂回收单元
COD/（mg/L）	640～1150	135～540	120～2610
TOC/（mg/L）	160～420	41～155	400～820
TN/（mg/L）	150～330	71～195	59～460
pH	3.9～5.8	5.1～6.7	6.3～9.4
SS/（mg/L）	27～2500	—	—
氨氮/（mg/L）	33～155	0.48～11	0.4～13
NO^{2-}/（mg/L）	0～0.2	0.7～2.2	0.2～1.2
NO^{3-}/（mg/L）	0.5～0.9	2.2～12	0.8～1.0
氰化物/（mg/L）	6	—	—
丙烯腈/（mg/L）	0.7～98	—	—
DMAC/（mg/L）	0～2.57	43～266	0～2100

水洗过滤单元废水中悬浮固体的分析结果表明，悬浮固体主要为腈纶高聚物颗粒，其粒径分布为 0.3～90 μm（图 5-2、图 5-3），具有回收价值。而这些高聚物颗粒一旦进入生物处理单元易附着在活性污泥颗粒表面，将影响活性污泥的沉降性能。

图 5-2 腈纶高聚物颗粒扫描电镜照片

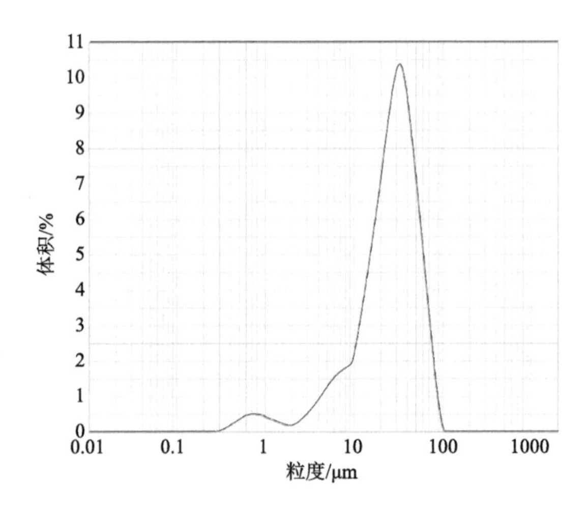

图 5-3 腈纶装置水洗过滤单元废水高聚物颗粒粒径分布

5.1.3 腈纶生产废水污染全过程控制关键污染物

1. 具有回收价值的污染物识别

腈纶生产废水含有高分子聚合物粉料，如果能回收并回用到生产过程，将提高产品收率，并降低废水中难降解污染物含量，减少废水末端处理成本。按照13.2万t/a腈纶装置、废水中聚合物粉料平均浓度为100 mg/L、水量为200 t/h、设计运行时间为8000 h、回收率为80%计算，则每年可回收聚合物粉料128 t。因此，腈纶废水中聚合物粉料回收价值较大。

2. 具有生物抑制性的污染物识别

废水中丙烯腈对活性污泥微生物，特别是氨氧化菌、亚硝酸盐氧化菌等脱氮微生物具有抑制作用。

3. 对达标排放具有重要影响的污染物

经过生物处理后，腈纶生产废水 COD 浓度仍为 300 mg/L 左右（表 5-2），远高于排放标准，而 BOD_5 浓度为 10 mg/L 以下，因此，生物处理出水 COD 以难降解有机物为主。对生物处理出水分子量分布进行分析（图 5-4），结果表明，生物处理出水中大于 30 kDa 的污染物对 TOC 贡献为 19.4 mg/L，占 TOC 总量的 15.7%，10～30 kDa 污染物对 TOC 贡献为 13.1 mg/L，占 TOC 总量的 10.6%，1～10 kDa 污染物对 TOC 贡献为 47.6 mg/L，占 TOC 总量的 38.4%，小于 1 kDa 污染物对 TOC 贡献为 43.7 mg/L，占 TOC 总量的 35.3%。废水中 1kDa 以上的 TOC 贡献量达 64.7%，即出水有机物以低分子量聚合物（低聚物）为主。

表 5-2　某腈纶生产废水处理工程各单元出水 COD

指标	调节池	混凝气浮池	水解酸化池	初沉池	生化-二沉池
最大值/（mg/L）	1070	976	899	897	360
最小值/（mg/L）	604	558	611	574	235
平均值/（mg/L）	829	802	768	745	314
平均去除率/%	—	3.3	4.2	3.0	57.8

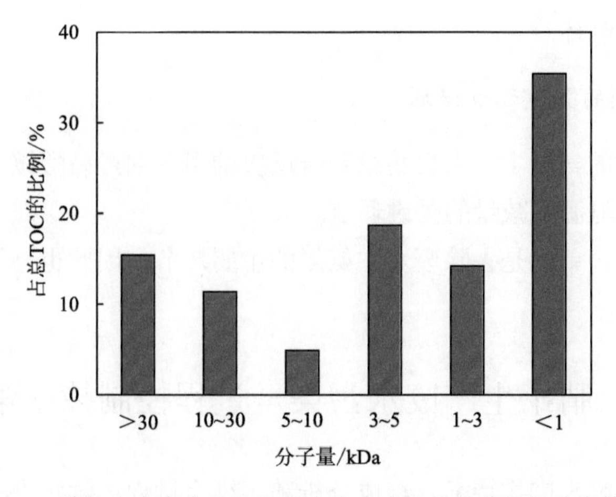

图 5-4　腈纶生产废水生物处理出水中有机物的分子量分布特征

此外，腈纶生产废水氨氮和总氮含量高，《石油化学工业污染物排放标准》（GB 31571—2015）对氨氮和总氮提出了更加严格的要求，因此，氨氮和总氮也是影响废水稳定达标的重要指标。

4. 关键污染物识别小结

综上所述，根据腈纶生产废水排放特征及废水特性分析，该废水污染控制的关键污染物包括聚合物粉料、低聚物、丙烯腈和 DMAC 等溶解性有毒有机物以及总氮和氨氮等。

5.1.4 腈纶生产废水污染全过程控制关键环节

1. 聚合物控制的关键环节

根据腈纶装置废水产排特征及各工段废水水质分析结果，废水高分子量聚合物控制的关键环节包括聚合反应单元、水洗过滤单元及聚合物回收资源化单元。低聚物控制的关键单元包括聚合反应单元、聚合物截留预处理单元和深度处理单元。

2. 有毒有机物控制的关键环节

丙烯腈源头控制的关键环节为聚合反应单元，即保证聚合反应过程中的单体转化率和单体回收过程中的单体回收率，从而尽可能降低单体向废水的流失。

DMAC 主要来自纺丝单元及溶剂回收单元，其中废水 DMAC 浓度较高的溶剂回收单元是 DMAC 源头控制的关键环节。

此外，这两种有毒有机物均可生物降解。因此，生物处理单元也是两种有毒有机物的关键控制环节。

3. 氨氮控制的关键环节识别

腈纶废水中的氨氮主要来自腈纶聚合反应的引发剂过硫酸铵。因此，聚合反应单元是废水氨氮源头减量的关键环节。

废水生物处理单元是去除废水中氨氮的主要环节，因此也是氨氮控制的关键环节。

5.2 腈纶生产废水污染全过程控制技术策略

在腈纶生产废水产排特征、组成分析和污染全过程关键污染物识别与关键控制环节确定的基础上，作者团队提出了腈纶生产废水污染全过程控制技术策略（图 5-5）。

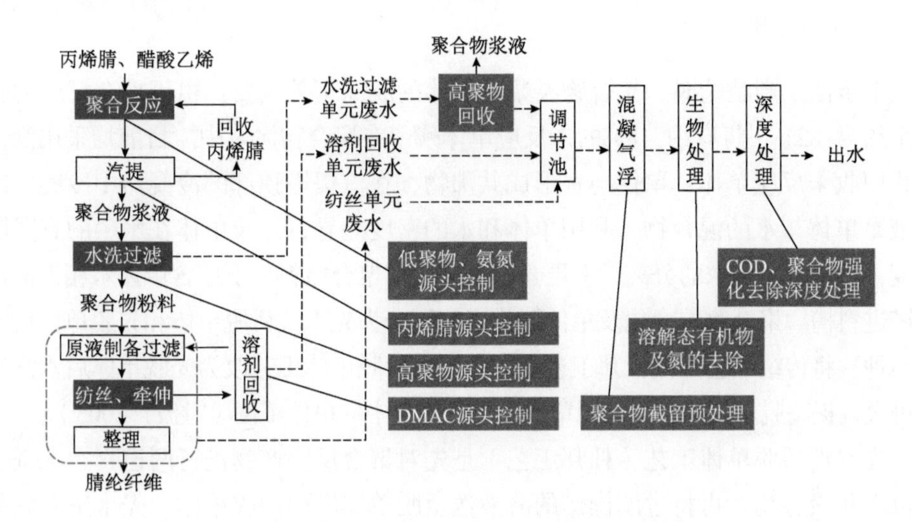

图 5-5　腈纶生产废水污染全过程控制技术策略

在污染物源头减量方面，低聚物和氨氮可在聚合反应单元进行源头减量，丙烯腈可在聚合产物汽提单元进行源头减量，高聚物可在水洗过滤单元进行源头减量，DMAC 等纺丝溶剂可在溶剂回收单元进行源头减量。

在废水预处理方面，水洗过滤单元废水可进行高聚物回收资源化。

在废水生物处理方面，重点实现溶解态有机物及氮的生物降解去除。

在废水深度处理方面，重点对影响出水水质达标的 COD 和低聚物进行强化去除。

5.3　腈纶生产废水源头控制

5.3.1　氨氮的源头减量

目前应用的腈纶聚合反应引发剂由氧化剂、还原剂和二价铁组成，常用氧化剂包括过硫酸铵、过硫酸钠和过硫酸钾，还原剂包括二氧化硫、亚硫酸氢钠或偏亚硫酸盐（Masson，2004）。当以过硫酸铵为氧化剂时，腈纶生产废水中含有高浓度氨氮。如果将氧化剂部分或全部替换为过硫酸钠或过硫酸钾，可使废水氨氮浓度大幅下降（赵亚奇等，2008）。

5.3.2 丙烯腈的源头减量

1. 技术原理

二步法生产腈纶时，聚合物淤浆中单体的脱除至关重要。由于聚合反应的转化率约为 82%，将有约 18%的未反应单体残留在聚合物淤浆中。目前均采用汽提方式回收未反应单体：单体与水形成共沸物，在汽提塔顶部的冷凝器中冷凝，冷凝液是单体与水的混合物，利用单体和水的密度差异，以及单体在水中的有限溶解度，实现单体和水的分离，上层含水单体用作聚合原料，下层含单体水相返回汽提塔进料槽。聚合物的净化及单体回收工艺可分为先水洗后脱单体和先脱单体后水洗两种。将传统工艺（如杜邦工艺）的先水洗后脱单体工艺改为先脱单体后水洗工艺可大幅提高脱单效果、降低脱单成本以及废水中的单体浓度（洪波，2005）。

先水洗后脱单体工艺（杜邦工艺）是先对聚合反应产物进行两道真空水洗过滤以净化聚合物，再将过滤操作的滤液送至脱单体塔中回收单体。先水洗后脱单体工艺的流程示意图见图 5-6。该工艺存在以下问题。

（1）水洗滤液储存时间长，所含的高浓度单体易自聚，影响脱单体汽提塔的稳定运行。

（2）聚合物浆液单体浓度高，水洗过滤系统需用氮封。

（3）汽提塔进料浓度低，进料量大，再加上操作温度高，回收单体能耗高。

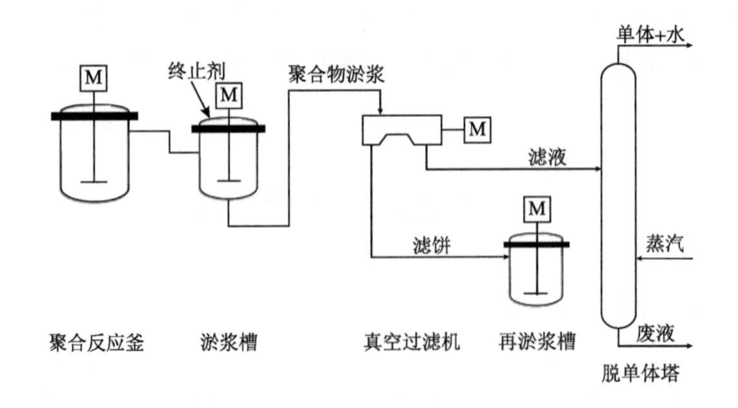

图 5-6　先水洗后脱单体工艺的流程示意图

先脱单体后水洗工艺（图 5-7）是聚合反应产物出聚合反应釜后，先进入汽提塔脱除单体。水及聚合物中的单体以气相从塔顶脱出，经冷凝回收，而聚合物淤浆则从塔釜进入淤浆槽，然后用泵送至真空转鼓机进行水洗，过滤除去聚合物中的盐类及低聚物等杂质。该工艺具有以下优点。

（1）汽提塔进料单体浓度高、汽提操作温度低，能耗低。

（2）未反应单体从出聚合反应釜到回收的处理时间缩短，避免单体自聚等问题。

（3）进入水洗过滤单元的聚合物淤浆单体含量低，不必对系统进行氮封，过滤机尾气处理简单。

两种聚合物净化和单体回收工艺的比较见表 5-3。

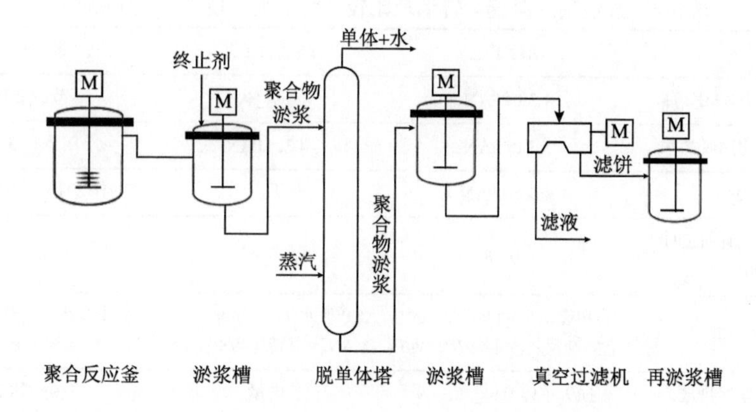

图 5-7　先脱单体后水洗工艺的流程示意图

表 5-3　两种聚合物净化和单体回收工艺的比较

项目	先脱单体后水洗工艺	先水洗后脱单体工艺
脱单体塔处理物料	聚合反应釜淤浆直接脱单体	水洗过滤滤液脱单体
进料中单体质量分数/%	约 5	≤2.5
脱单体塔操作压力	真空	常压
脱单体塔操作温度/℃	70～85	>100
蒸汽消耗量	低	高
单体自聚问题	水洗过滤无自聚	易自聚，影响水洗过滤操作；塔板易堵塞，脱单体塔需清洗
低聚物生成量	少	多
氮封要求	无	水洗过滤需氮封
净化后单体质量分数/%	$\leqslant 4\times10^{-5}$	$\leqslant 4\times10^{-5}$

2. 影响因素与工艺参数

进料中单体质量分数约 5%，脱单体塔操作压力为真空，脱单体塔操作温度为 70～85℃。

3. 技术效果

将先水洗后脱单体工艺改为先脱单体后水洗工艺后，装置运转消耗对比如表 5-4 所示（王金鹏，1998）。

表 5-4　改造前后装置运转消耗比较（腈纶生产规模：3 万 t/a）

项目	现行工艺	改造后工艺	改造效果
单体回收耗 0.2 MPa 蒸汽	1.3 t/t PAN	0.4 t/t PAN	年节省 2.7 万 t
聚合物净化用脱盐水	5.3 t/t PAN	4.3t/t PAN	年节省 3 万 t
N_2 消耗	40kg/t PAN	不用	年省 120 t（96 万标准 m^3）
煮脱单体塔耗 NaOH（40%）	80 t/a	基本不用	年节省 80 t
废水排放	含单废水 9.5t/t PAN，其中含 AN 及其转化物 700 mg/L	含单废水 7.6t/t PAN，其中含 AN 及其转化物 100 mg/L	减少废水 5.7 万 t/a，减少单体损失约 177t/a
过滤机尾气排放	损失单体 0.9kg/t PAN	微量	少损失约 25t/a

注：PAN 为腈纶纤维；AN 为丙烯腈。

4. 工业化应用效果

浙江金甬腈纶有限公司采用先脱单体后水洗工艺代替先水洗后脱单体工艺后，解决了丙烯腈自聚问题和高温酸性水 COD 浓度过高问题，试生产半年，效果较好，没有因管线内单体自聚而造成停车（吕伟其，2014）。

5.4　腈纶生产废水预处理

5.4.1　腈纶生产废水混凝气浮预处理

1. 技术原理

由于腈纶颗粒粒径较小且密度与水相近，因此腈纶废水的气浮分离效果优于沉淀分离效果。在混凝气浮工艺中，腈纶废水颗粒物首先在混凝剂和助凝剂作用下形成絮体，然后废水进入气浮池，絮体与微气泡结合形成密度小于水的絮状颗粒，并上浮到水面成为浮渣，实现废水的净化（图 5-8）。

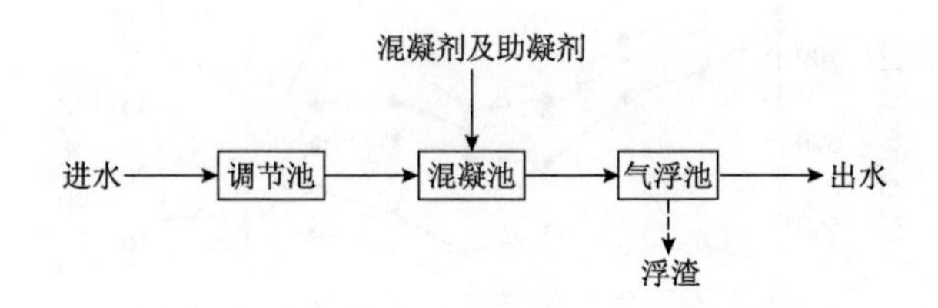

图 5-8　腈纶废水混凝气浮工艺流程

2. 影响因素与工艺参数

在腈纶废水混凝气浮处理中应用的浅层气浮机和平流气浮机的设计参数如表 5-5 所示。

表 5-5　浅层气浮机和平流气浮机主要设计参数对比

运行参数	浅层气浮机	平流气浮机
单台处理量/（m^3/h）	300	100
气浮池尺寸/m	Φ9.0×0.75	10.5×3.0×2.1
气浮池总体积/m^3	47.7	66.2
总 HRT/min	7.6	36.9
表面负荷/[m^3/（m^2·h）]	10.6	3.5
溶气水压力/MPa	0.36～0.40	0.4
回流比/%	30	30
压缩空气量/（m^3/h）	1.0～1.5	0.3～0.9
PFS 平均消耗量/（kg/m^3）	0.323	0.465
聚丙烯酰胺（polyacrylamide，PAM）平均消耗量/（kg/m^3）	0.007	0.007
主机功率/kW	3.3	11

3. 技术效果

混凝气浮的条件和设备选型对污染物去除效果具有显著的影响。例如，田超男等（2013）的研究表明，浅层气浮机对腈纶废水中悬浮物的去除效果明显优于传统平流气浮机，气浮单元的 COD 去除率从 5.6%提高到 11.3%（图 5-9）。

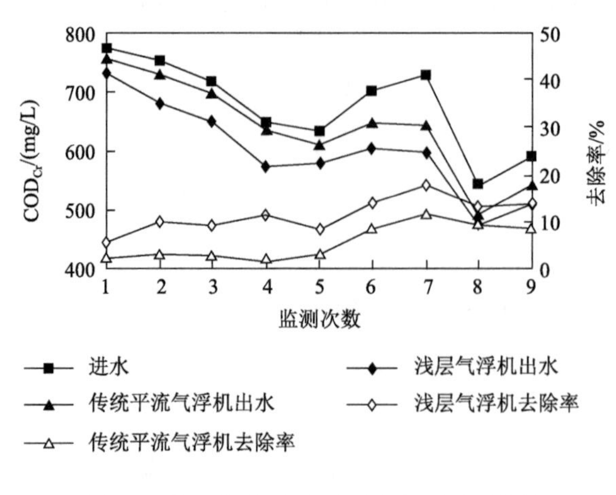

图 5-9 浅层气浮和传统平流气浮处理效果

4. 应用实例

案例 1：浅层气浮应用于吉林化纤股份有限公司 8000 t/d 腈纶废水预处理，气浮单元 COD 去除率由 5.6%提高到 11.3%。

案例 2：混凝气浮用于大庆石化 400 m^3/h 腈纶废水预处理（王晓枫等，1996），处理工艺整体的平均 COD 去除率由 48%提高到 69%，生物处理出水 COD 浓度由 535 mg/L 下降到 313 mg/L（图 5-10）。

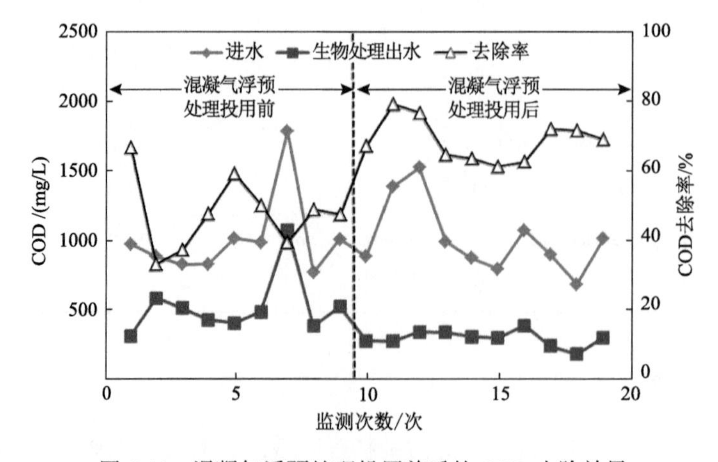

图 5-10 混凝气浮预处理投用前后的 COD 去除效果

5.4.2　腈纶生产废水自动反冲洗连续砂滤预处理

1. 技术原理

腈纶废水含有白色悬浮颗粒物，主要为腈纶聚合物颗粒，颗粒物含量波动很大，混凝气浮装置的抗冲击能力不足，致使混凝气浮单元对悬浮颗粒物的去除效果不佳，造成大量悬浮颗粒物进入后续生物处理单元，对污泥的沉降性能造成很大影响。采用自动反冲洗连续砂滤技术可对废水中腈纶聚合物颗粒进行有效截留，从而提高工艺对悬浮颗粒物的抗冲击能力，减少对后续生物处理单元的影响。

2. 影响因素与工艺参数

自动反冲洗连续砂滤对腈纶废水中 SS 及 COD 的去除如图 5-11 和图 5-12 所示。由图 5-11 和图 5-12 可知，SS 的平均去除率为 35.0%，最高超过 80%。进水

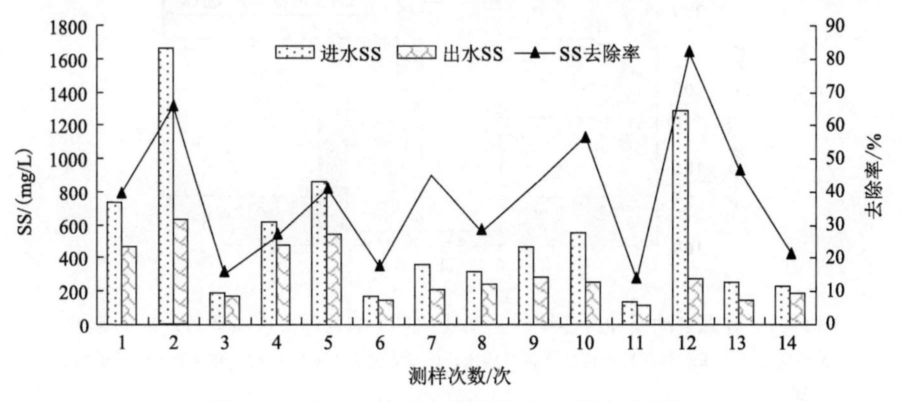

图 5-11　自动反冲洗连续砂滤对 SS 的去除效果

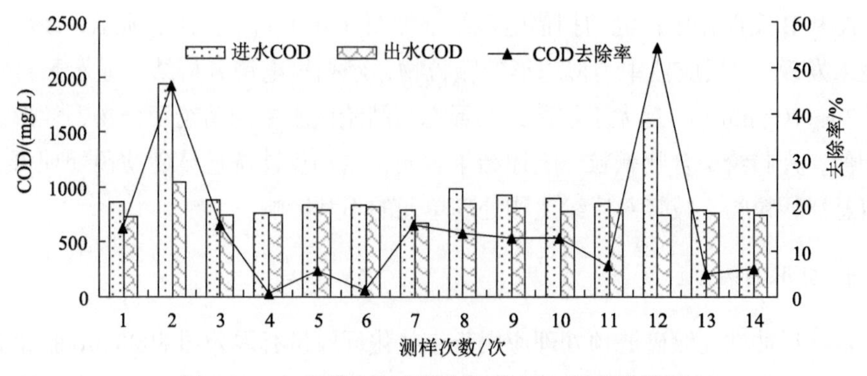

图 5-12　自动反冲洗连续砂滤对 COD 的去除效果

SS 浓度越高，去除效果越好，该处理单元可提高处理系统对腈纶废水悬浮颗粒物的抗冲击能力。在进水 COD 浓度为 782～1947 mg/L 时，出水 COD 浓度稳定在 750 mg/L 左右，降低对后续生物处理单元的冲击。

3. 技术效果

1）对生物处理出水 COD 的影响

有无自动反冲洗连续砂滤预处理对生物处理反应器运行效果的影响如图 5-13 所示，无连续砂滤预处理的生物反应器（A 反应器）出水 COD 浓度平均 221 mg/L，有连续砂滤预处理的生物反应器（B 反应器）出水 COD 浓度平均 192 mg/L，说明连续砂滤预处理可使生物处理出水的 COD 浓度降低约 30 mg/L。

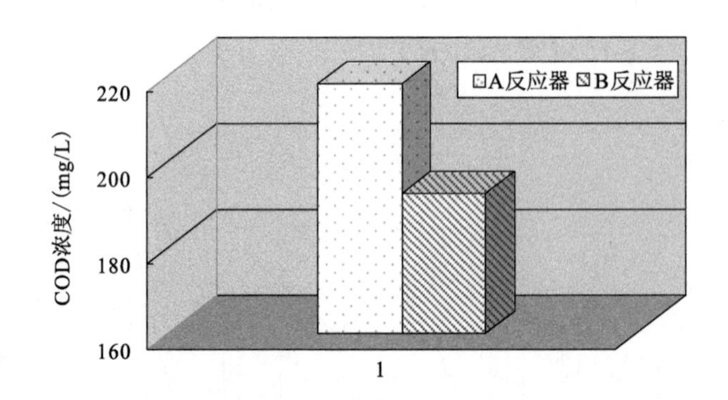

图 5-13　有无自动反冲洗连续砂滤预处理对生物处理反应器运行效果的影响

A 反应器为无连续砂滤预处理的生物反应器，B 反应器为有连续砂滤预处理的生物反应器

2）对生物处理单元污泥的影响

A 和 B 反应器中污泥的扫描电镜结果如图 5-14（a）、（b）所示，B 反应器污泥未发现 A 反应器中类似球形的颗粒物，经扫描电镜分析结果显示颗粒物粒径（20～100 μm），远大于细菌，其形态与腈纶废水中的腈纶聚合物颗粒形态非常相似，为腈纶聚合物颗粒。上述结果表明，自动反冲洗连续砂滤预处理可有效截留悬浮颗粒物，减轻对后续生物处理单元的不利影响。

4. 应用实例

自动反冲洗连续砂滤预处理应用于吉林化纤股份有限公司 8000 t/d 腈纶废水预处理，有效地提高了处理系统的抗悬浮物冲击能力，有效保障了企业排水水质的稳定性。

(a) 无连续砂滤预处理

(b) 有连续砂滤预处理

(c) 腈纶聚合物颗粒

图 5-14　自动反冲洗连续砂滤预处理对活性污泥性能改善的扫描电镜结果

5.4.3　腈纶装置水洗过滤单元废水高分子量聚合物截留回收

1. 技术原理

水洗过滤单元废水先进入斜板沉淀池进行沉淀处理，大粒径聚合物颗粒沉淀到沉淀池底部，上清液由提升泵进入纤维束过滤器，过滤后的水进行后续处理，废水中高分子量聚合物被截留后在纤维束过滤器的纤维束中积累。当过滤器内的高分子量聚合物颗粒积累较多时，对纤维束过滤器进行反冲洗，反冲洗水进入斜板沉淀池，沉淀池底部聚合物淤浆送至聚合车间与脱除单体后的聚合物淤浆混合后进行水洗过滤和后续处理（图 5-15）。

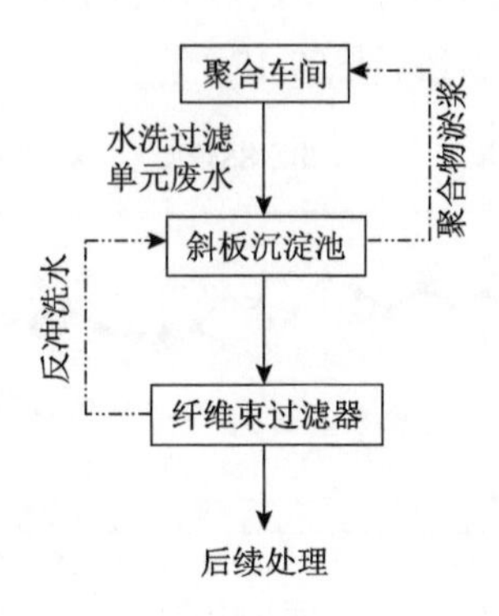

图 5-15　腈纶高聚物截留回收流程图

纤维束过滤器采用束状软填料-纤维作为滤料，纤维直径可达几微米至几十微米，具有比表面积大、过滤阻力小等优点，解决了粒状滤料的过滤精度受滤料粒径限制等问题。微小的滤料直径，增加了滤料的比表面积和表面自由能，增加了水中杂质颗粒与滤料的接触机会及滤料的吸附能力，从而提高了过滤效率和截污能力。

纤维束过滤器由固定多孔板、活动多孔板、纤维束滤料、布气装置等组成。活动多孔板可上下移动，过滤时，在水力作用下，滤料顺水流方向空隙由大逐渐变小，纤维密度变大，形成理想的过滤层面，其过滤过程既有纵向深层过滤，又有横向深层过滤，有效地提高了过滤精度和过滤速度；清洗时，使纤维束达到疏松状态，同时，采用气水合洗的方法，在气泡聚散和水力冲洗过程中，纤维束处于不断抖动状态，在水力和上升气泡的作用下，易于释放截留的聚合物颗粒，再生效率高。因此，纤维束过滤器具有过滤精度高、过滤速度快、截污容量大、可调节性强、占地面积小、反冲洗耗水量低、使用寿命长等特点。此外，采用纤维束过滤器截留回收腈纶高聚物颗粒，还可防止滤料（纤维）在回收产物中的残留，保证回收产物的品质。

特别是纤维束过滤器易于实现截留物与滤料的分离，是一种可用于物料截留回收的深层过滤器。尽管其截留效率不及膜过滤器，但其投资和运行成本远低于膜过滤器，因此适用于废水非黏性颗粒截留回收工程。

2. 影响因素与工艺优化

1）滤料装填密度的影响

在水压为 0.14 MPa 条件下，分别采用装填密度为 35 kg/m^3 和 45 kg/m^3 丙纶丝滤料，对水洗过滤单元废水进行处理，在进水 SS 浓度主要集中在 60～70 mg/L 的情况下，聚合物截留效率分别达到 40%和 43%，即随着装填密度的增加，截留效率略有上升（图 5-16、图 5-17）。

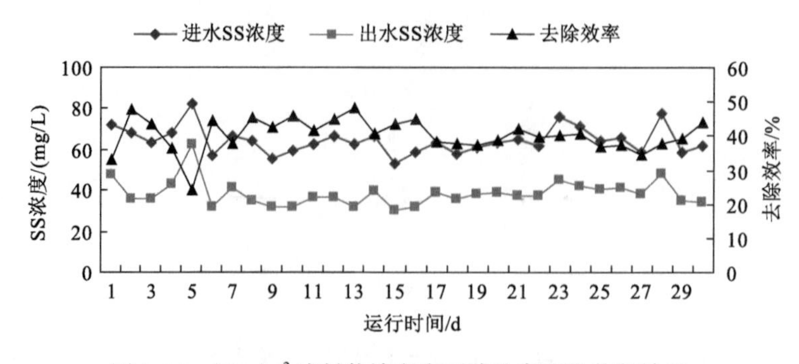

图 5-16　35kg/m^3 滤料装填密度下腈纶高聚物截留效果

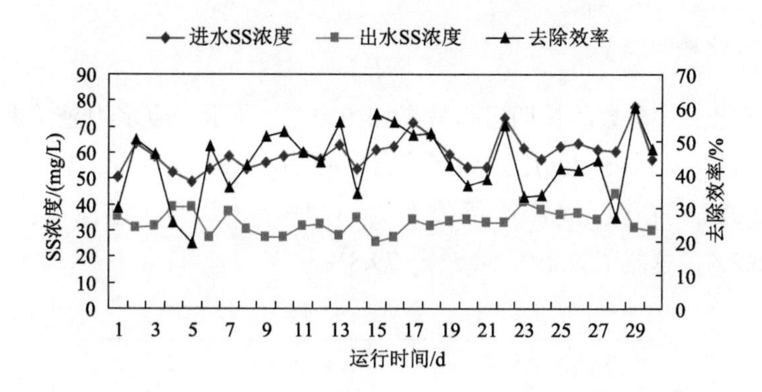

图 5-17　45kg/m^3 滤料装填密度下腈纶高聚物截留效果

2）过滤压差的影响

在 45 kg/m^3 丙纶丝装填密度下，分别采用 0.01 MPa 和 0.02 MPa 两种过滤压差进行过滤试验。聚合物截留效果表明，随着过滤压差增加，截留效率略有上升，平均截留效率由过滤压差 0.01 MPa 下的 42.7%提高到过滤压差 0.02 MPa 下的 44.4%（图 5-18、图 5-19）。在纤维束过滤器中，随着过滤压差增大，纤维束将被进一步压实，滤料之间的孔隙更小，悬浮物截留效率更高。

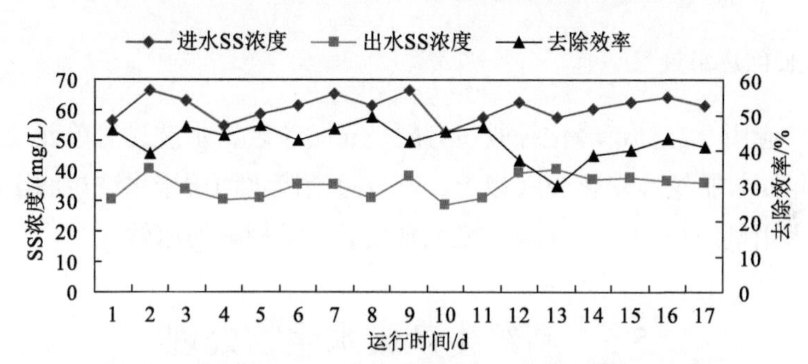

图 5-18　过滤压差 0.01 MPa 条件下的腈纶高聚物截留效果

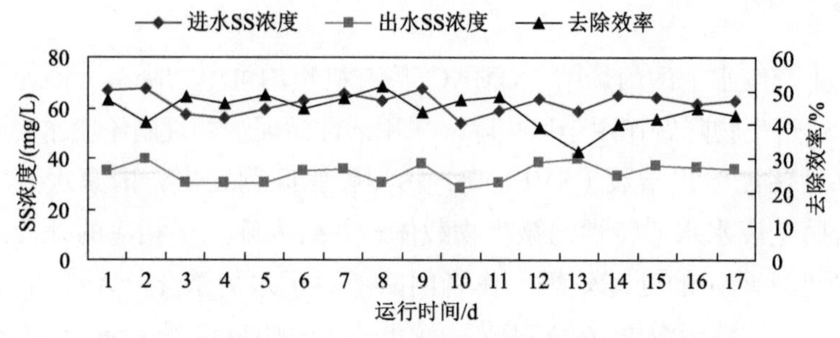

图 5-19　过滤压差 0.02MPa 条件下的腈纶高聚物截留效果

3. 技术效果

采用优化工艺参数的长期运行效果如图 5-20 所示。废水中悬浮聚合物颗粒浓度由进水的 88～105 mg/L 降为沉淀出水的 36～58 mg/L、纤维束过滤出水的 21～33 mg/L。斜管沉淀器截留效率为 37.6%～65.4%，过滤器截留效率为 24.4%～55.2%，总截留效率为 64.5%～79.8%。

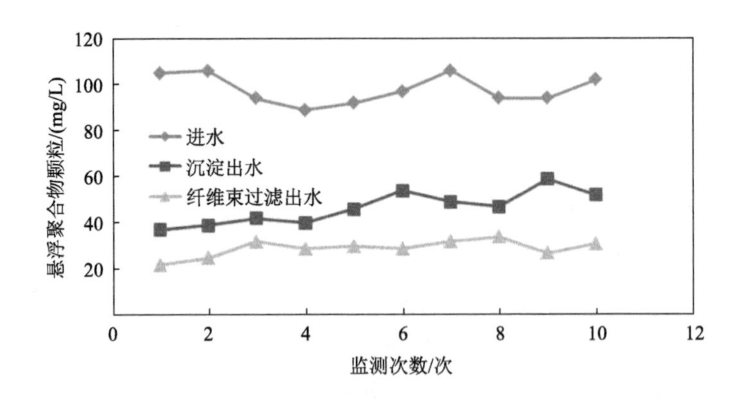

图 5-20 腈纶装置水洗过滤废水混凝-纤维束过滤试验结果

4. 工业化应用效果

该技术应用于吉林奇峰化纤股份有限公司腈纶装置水洗过滤单元废水高聚物回收，每年回收腈纶高聚物 30 t 以上，部分过滤废水回用于水洗过滤工段，每年减少脱盐水用量约 24 万 t，并减少废水排放量，实现减污增效。

5.5 腈纶生产废水生物处理

1. 技术原理

腈纶生产废水中的丙烯腈、DMAC 等有机物均可生物降解，因此可在生物处理单元通过生物降解作用予以去除。采用活性污泥法处理腈纶废水生物处理过程中，活性污泥体积指数（SVI）高，污泥膨胀问题突出，国家水专项研究开发了适合腈纶废水水质特性的微生物载体，并研发筛选了相应的处理工艺，提高了生物处理单元的处理效果。作者团队考察了水解酸化、A/O 生物膜工艺（图 5-21）、活性污泥法 A/O 工艺、续批式生物膜反应器（sequencing biofilm batch reactor，SBBR）工艺、A/A/O（anaerobic/anoxic/oxic，厌氧/缺氧/好氧）工艺和 A/O/A/O 工艺对腈纶废水的处理效果。结果表明，生物膜工艺比活性污泥法对 COD 去除效果好，出水水质更加稳定，剩余污泥也少；A/O/A/O 工艺出水 COD 浓度为 230～270 mg/L，略优于 A/O 生物膜工艺、A/A/O 工艺和 SBBR 工艺出水（COD 浓度为 260～310 mg/L），但其工艺流程长、操作复杂。A/A/O 工艺和 A/O 工艺的处理效果差别不大，水解酸化反应器 COD 去除率达 35%，但对生物处理出水 COD 浓度下降作用有限。A/O 生物膜工艺的 COD 去除效果与 A/A/O 工艺和 SBBR 工艺相近，因其采用微生物固定化技术，污泥不易流失，抗冲击能力强，剩余污泥少。

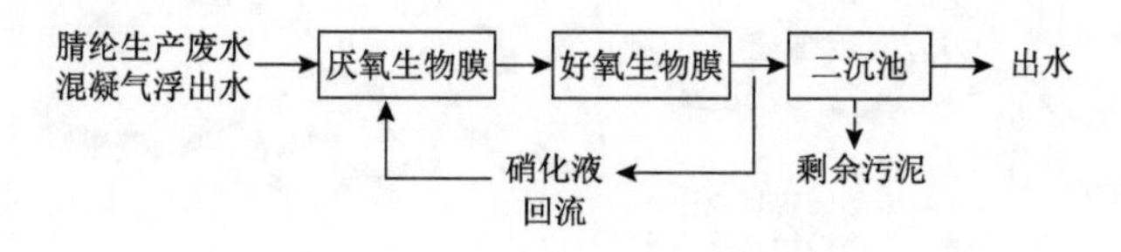

图 5-21　A/O 生物膜工艺流程图

2. 影响因素与工艺优化

1）生物填料

在 HRT 24 h、温度 25℃、溶解氧（DO）5 mg/L、进水负荷 1.5 kg COD/(m^3·d）的条件下，填充不同填料的反应器对腈纶生产废水中特征污染物的去除效果（表 5-6）表明，填充 5 种不同填料的反应器对废水中 DMAC 和丙烯腈去除率均达到 100%，对 TOC 和 TN 的去除率分别为 76%～82%和 48%～68%，其中改性填料的 TOC 和 TN 去除率最高，分别约为 82%和 68%。

综上所述，宜选用改性生物填料作为 A/O 生物膜反应器的填料。

表 5-6　不同填料反应器对化纤（腈纶）含 DMAC 废水中特征污染物的去除效果

（单位：mg/L）

填料类型	TOC	TN	DMAC	丙烯腈
进水	361.00	254.75	76.42	89.45
改性填料	64.75	80.75	0	0
火山岩填料	87.00	105.00	0	0
立体放射状塑料硬性填料	77.50	107.75	0	0
半软性组合填料	78.25	123.25	0	0
平面花状塑料硬性填料	76.00	131.25	0	0

2）HRT 的影响

HRT 由 10 h 延长至 20 h，随着 HRT 的延长，COD 去除率逐渐由 10 h 的 49.9% 提高到 20h 的 65.8%，HRT 继续延长，COD 去除率提高不明显（图 5-22）。

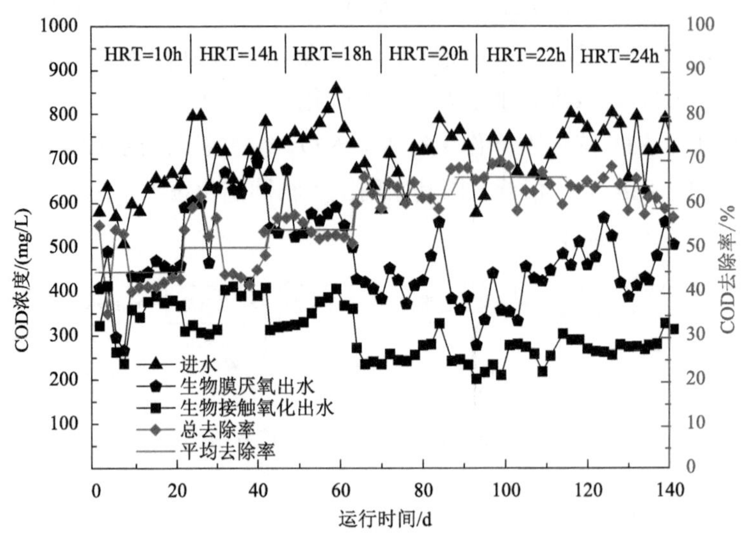

图 5-22　不同 HRT 下 COD 去除效果

腈纶生产废水活性污泥处理系统中，污泥浓度较低，仅为 2000 mg/L 左右。投加改性填料，可大幅增加处理系统中的污泥浓度至 8000 mg/L 以上，而且随着 HRT 由 10 h 延长至 20 h，污泥浓度呈增长趋势（图 5-23）。

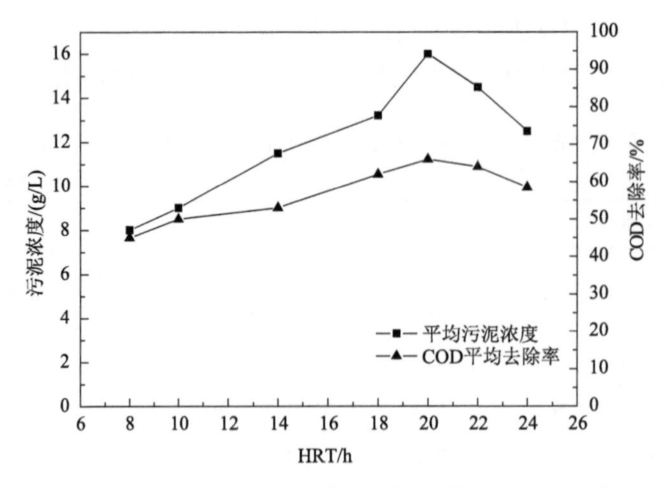

图 5-23　不同 HRT 生物处理单元污泥浓度与 COD 去除效果

3）DO 的影响

当 HRT 为 20 h、回流比为 200%时，COD 去除率随 DO 浓度增加而增加（图 5-24）：DO 由 2.0 mg/L 提高到 3.5 mg/L 时，COD 去除率由 55%提高至 64%。在生物膜反应器内，由于生物膜内部存在 DO 梯度，当混合液 DO 浓度提高时，生物膜内好氧条件的区域将增大，微生物的活性将提高，因此在一定的操作条件下，提高 DO 浓度有利于提高 COD 去除率。

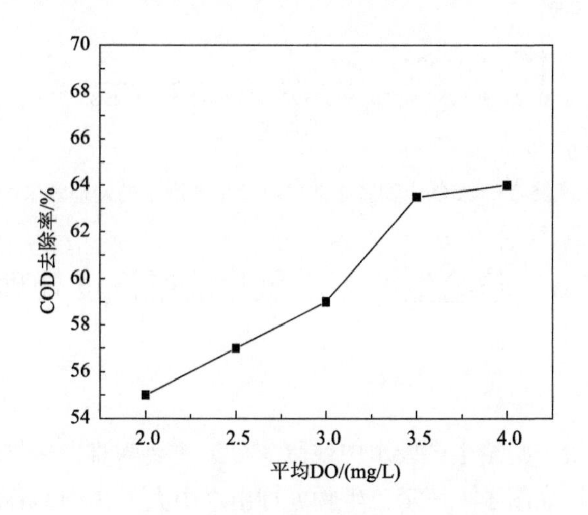

图 5-24　不同 DO 浓度时的 COD 去除效果

3. 技术效果

中试装置在优化条件（HRT 为 22.5 h、DO 浓度为 2～4 mg/L、Na_2HPO_4投加量为 2 mg/L、$NaHCO_3$投加量为 0.4 g/L、温度 25℃）下，在 380 d 的运行时间内，进水 COD 和氨氮浓度平均值分别为 832.4 mg/L 和 105.7 mg/L，生物处理出水的 COD 和氨氮浓度平均值分别为 248.5 mg/L 和 2.2 mg/L。出水 DMAC 浓度降至 3.5 mg/L 以下，丙烯腈浓度降至 1.2 mg/L 以下（图 5-25）。

4. 工业化应用效果

该技术应用于吉林奇峰化纤股份有限公司 8000 t/d 腈纶生产废水处理工程，生物处理出水 COD 浓度平均为 280 mg/L 以下，氨氮浓度平均为 10 mg/L 以下，DMAC 浓度平均为 5 mg/L 以下，丙烯腈浓度平均为 2 mg/L 以下。

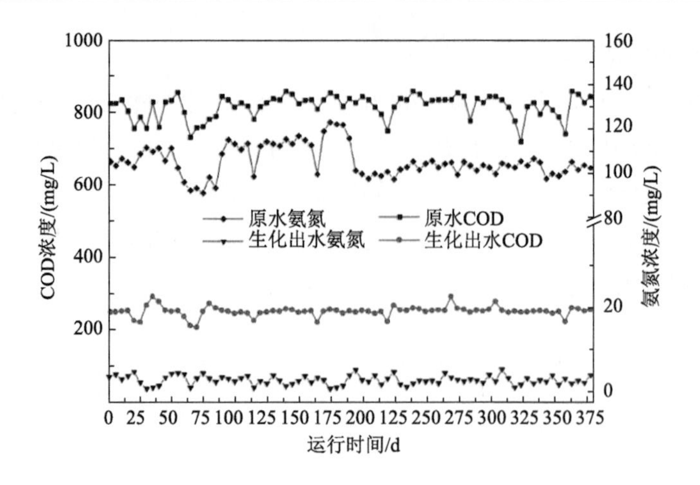

图 5-25　A/O 生物膜工艺对腈纶生产废水的处理效果

5.6　腈纶生产废水氧化混凝深度处理

1. 技术原理

经生物处理后，腈纶生产废水中残留 COD 主要为难以生物降解的有机物，其分子量分布特征如图 5-4 所示，生物处理出水中大于 30 kDa 的污染物对 TOC 贡献为 19.4 mg/L，占 TOC 总量的 15.7%，分子量大于 1 kDa 的污染物对 TOC 贡献量达 64.7%，可通过氧化混凝工艺予以去除，即通过混凝去除废水中的微生物絮体和低聚物，通过氧化去除废水中的溶解态有机物，最终实现难降解有机物的有效去除。

2. 影响因素与工艺优化

1）初始 pH 的影响

在 10% H_2O_2 投加量为 2 mg/L、$FeSO_4 \cdot 7H_2O$ 投加量为 1 g/L、氧化反应时间为 20 min，混凝阶段溶液 pH 为 8.5、PAM 投加量为 4 mg/L、混凝反应时间为 5 min 的条件下，氧化阶段初始 pH 对处理效果的影响见图 5-26。由图 5-26 可知，随着初始 pH 升高，出水的 COD 去除率减小。当 pH 为 2.0 时，COD 的去除率达到 57.2%，为最佳反应 pH。

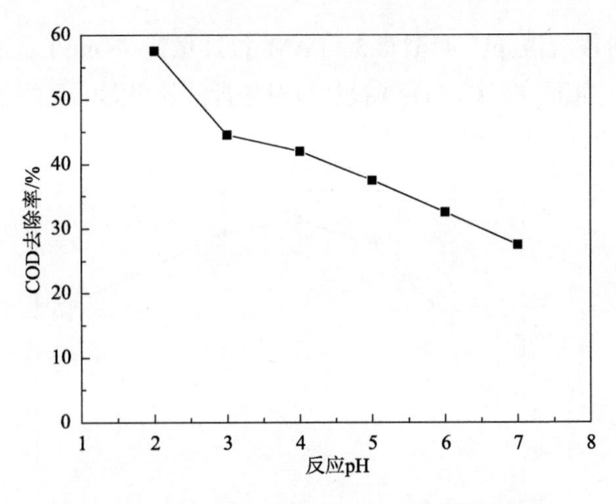

图 5-26　氧化阶段初始 pH 对处理效果的影响

2）H_2O_2 投加量的影响

在氧化阶段溶液 pH 为 2、$FeSO_4 \cdot 7H_2O$ 投加量为 1 g/L、氧化反应时间为 20 min，混凝阶段溶液 pH 调至 8.5、PAM 投加量为 4 mg/L、混凝反应时间为 5 min 的条件下，H_2O_2 投加量对处理效果的影响见图 5-27。由图 5-27 可知，随着 H_2O_2 的投加量增大，COD 去除率先升高后降低，投加量宜为 2 mL/L（10% H_2O_2）。

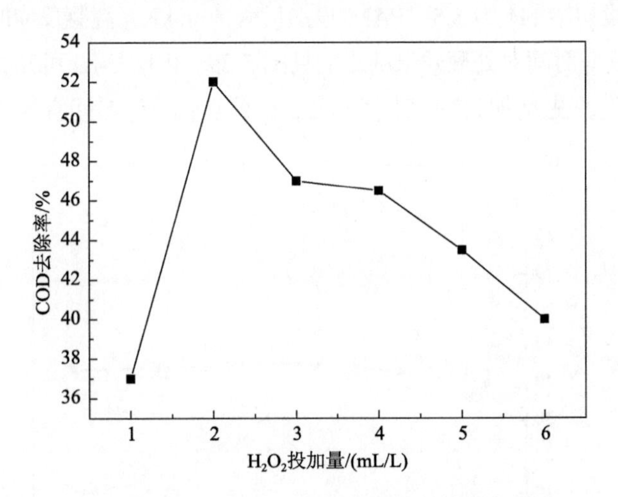

图 5-27　H_2O_2（10%）投加量对处理效果的影响

3）$FeSO_4 \cdot 7H_2O$投加量的影响

在氧化阶段溶液初始 pH 为 2、10% H_2O_2 投加量为 2 mg/L、氧化反应时间为

20 min，混凝阶段溶液 pH 调至 8.5、PAM 投加量为 4 mg/L、混凝反应时间为 5 min 的条件下，不同 $FeSO_4 \cdot 7H_2O$ 投加量对处理的效果影响见图 5-28。由图 5-28 可知，$FeSO_4 \cdot 7H_2O$ 投加量宜为 1.0 g/L。

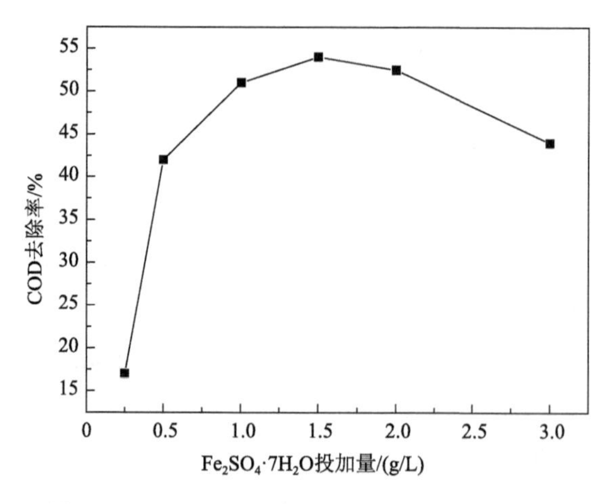

图 5-28　$FeSO_4 \cdot 7H_2O$ 投加量对处理效果的影响

4）氧化反应时间的影响

在氧化阶段初始 pH 为 2、10% H_2O_2 投加量为 2 mg/L、$FeSO_4 \cdot 7H_2O$ 投加量为 1 g/L，混凝阶段初始 pH 为 8.5、PAM 投加量为 4 mg/L、混凝反应时间为 5 min 的条件下，氧化反应时间对处理效果的影响见图 5-29。由图 5-29 可知，氧化反应时间增加，COD 去除率先增加后基本维持不变，因此氧化反应时间宜为 30 min。

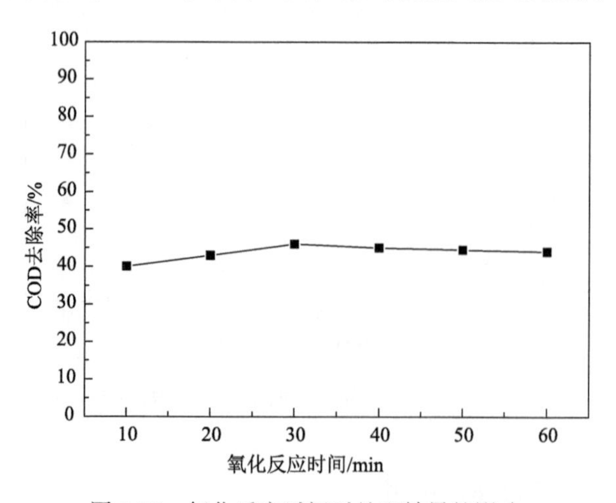

图 5-29　氧化反应时间对处理效果的影响

5）混凝阶段初始 pH 的影响

在初始 pH 为 2、10%H_2O_2 投加量为 2 mg/L、$FeSO_4·7H_2O$ 投加量为 1.0 g/L、氧化反应时间为 30 min 的条件下，出水用 20% NaOH 调节 pH 后，投加 4 mg/L 的 PAM，混凝反应时间为 5 min，混凝阶段初始 pH 对处理效果的影响见图 5-30。由图 5-30 可知，混凝阶段初始 pH 宜为 7 左右。

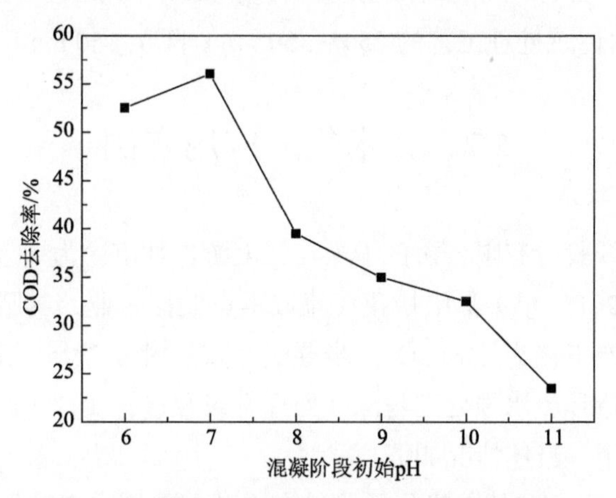

图 5-30　混凝阶段初始 pH 对处理效果的影响

6）PAM 投加量的影响

在初始 pH 为 2、10%H_2O_2 投加量为 2 mg/L、$FeSO_4·7H_2O$ 投加量为 1 g/L、氧化反应时间为 30 min 的条件下，出水用 20% NaOH 调节 pH 到 7 左右后，投加不同量的 PAM，混凝反应时间为 5 min，PAM 投加量对处理效果的影响见图 5-31。综合污染物去除效果和处理成本，PAM 投加量宜为 4 mg/L。

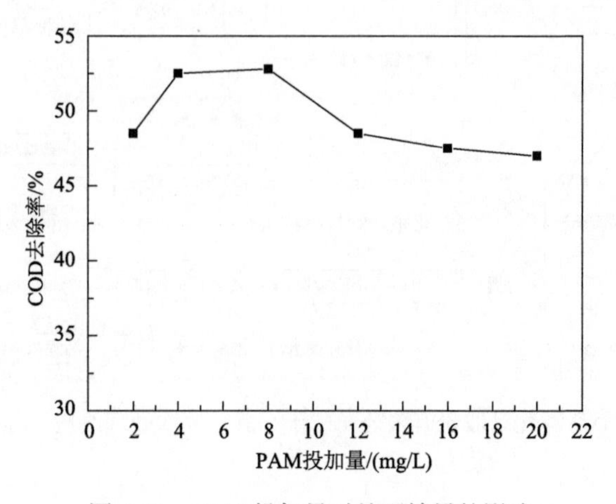

图 5-31　PAM 投加量对处理效果的影响

3. 技术效果

可使生物处理出水 COD 浓度由 300 mg/L 左右降至 150 mg/L 以下。

4. 工业化应用效果

该技术应用于吉林奇峰化纤股份有限公司 8000 t/d 腈纶生产废水处理工程，出水 COD 浓度由传统处理工艺的 250～350 mg/L 降至 150 mg/L 以下。

5.7 技术集成应用实例

吉林奇峰化纤股份有限公司位于松花江上游吉林市，为《重点流域水污染防治规划（2011—2015 年）》中松花江流域重点监控企业，其腈纶生产规模在国内位居第二，生产工艺为 DMAC 二步湿法。该公司自“十一五”以来，逐步实施了清洁生产改造和废水预处理与深度处理升级改造，实现了废水污染全过程控制技术的集成应用，具体情况如下。

“十一五”期间，吉林奇峰化纤股份有限公司采用水专项研发技术“高分子聚合物截留（自动反冲洗连续砂滤）-A/O 生物膜-氧化混凝” 集成工艺建设 400t/h 腈纶生产废水处理改造工程（图 5-32），有效控制了 DMAC、丙烯腈等有毒有机物污染，年减排 COD 392 t、DMAC 38 t、丙烯腈 5 t。

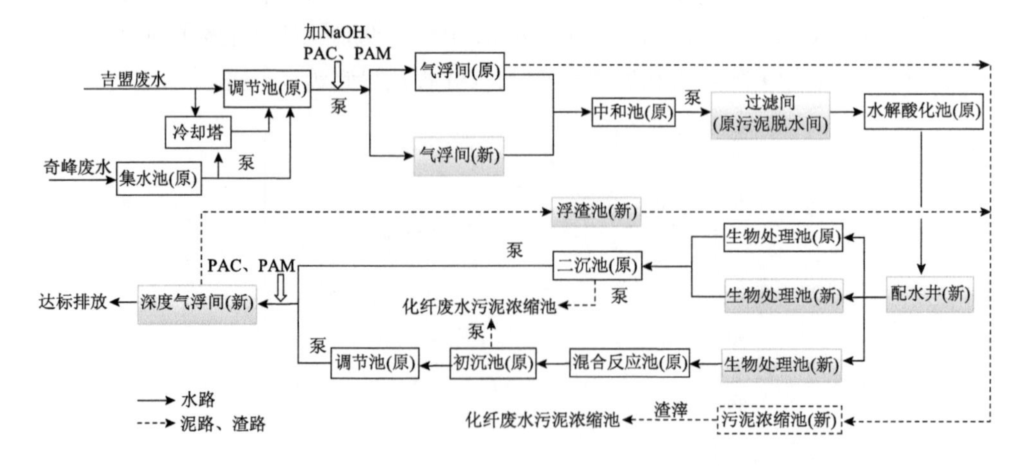

图 5-32 吉林奇峰化纤股份有限公司“十一五”废水处理改造工程工艺流程图

图 5-33 为吉林奇峰化纤股份有限公司废水处理改造工程的调试和运行阶段 COD 去除效果图，由图 5-33 可以看出，进水 COD 浓度为 502～736 mg/L。在调试阶段（2012 年 2 月 4 日～3 月 31 日），出水 COD 浓度为 168～288 mg/L，去除率为 63.7%～77.5%。从 4 月 2 日起进入稳定运行阶段，出水 COD 浓度低于设计标准（150 mg/L），去除率为 77.7%～83.3%，达到设计标准，出水水质达到《污水综合排放标准》（GB 8978—1996）二级标准。

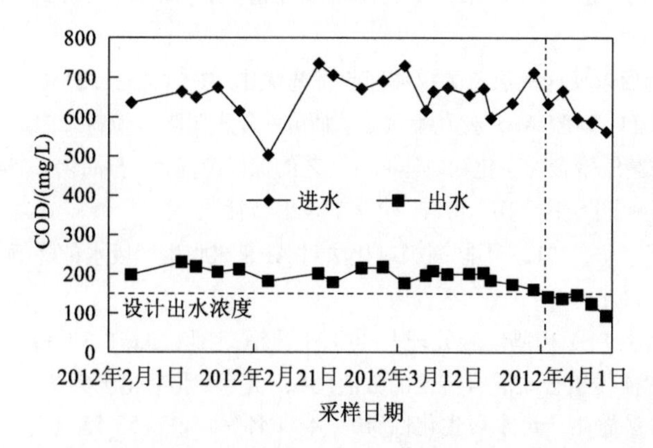

图 5-33　吉林奇峰化纤股份有限公司“十一五”废水处理改造工程的调试和运行阶段 COD 去除效果图

“十二五”期间，水专项重点开展废水中腈纶高聚物截留回收技术（纤维束过滤）以及难降解有机物和氨氮强化去除技术的研究，将其应用于吉林奇峰化纤股份有限公司水洗/过滤单元废水腈纶颗粒物回收，每年回收腈纶高聚物 30 t 以上，部分过滤废水回用于水洗过滤工段，每年减少脱盐水用量约 24 万 t，并减少废水排放量，年创效约 85.2 万元。作者团队研发氨氮与有机物强化去除的生物处理技术（图 5-34），应用于企业 400 t/h 腈纶生产废水处理工程运行优化，工程出水氨氮浓度降至 5 mg/L 以下。

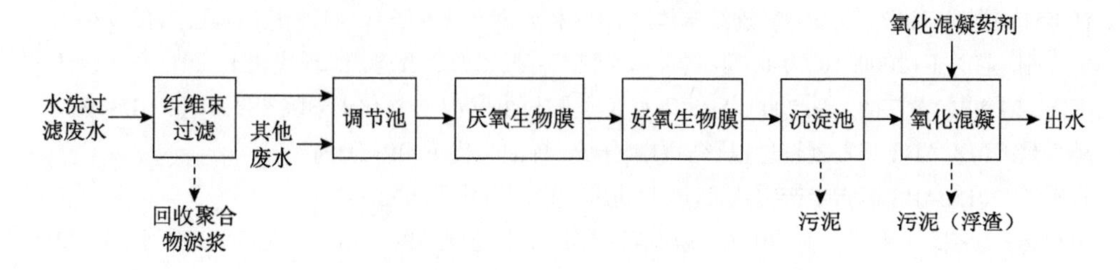

图 5-34　腈纶生产废水处理集成工艺流程

参 考 文 献

曹同玉, 刘庆普, 胡金生. 2007. 聚合物乳液合成原理性能及应用. 北京: 化学工业出版社.
崔玉华. 2001. 板框式搅拌器流场特性. 北京: 北京化工大学.
窦艳涛, 周梅, 赵隽, 等. 2018. 聚合釜高压水射流清洗技术的研究现状. 化工机械, 45(3): 277-281.
高泽远. 2017. 聚合后未反应的氯乙烯单体回收工艺优化. 中国盐业, 22(301): 53-55.
韩洪义, 李小军. 2011. 高胶 ABS 胶乳凝聚工艺研究. 合成树脂与塑料, 28(2): 43-45.
洪波. 2005. 干法纺腈纶聚合物净化和单体回收工艺的探讨及优化. 石油化工, 34(增刊): 602-604.
黄立本. 2001. ABS 树脂及其应用. 北京: 化学工业出版社.
赖波, 周岳溪, 杨平, 等. 2012. 不同高级氧化法对 ABS 树脂生产废水的降解特性. 浙江大学学报, 46(3): 476-481.
李剑. 2011. 汽提塔在 PET 树脂废水处理上的应用. 聚酯工业, 24(5): 37-40.
李薇. 2015. 高黏度流体组合桨混合特性的数值模拟. 北京: 北京化工大学.
李向富. 2004. ABS 装置生产废水可生化性研究. 化工环保, (z1): 53-55.
李志丹, 单国荣, 潘鹏举. 2017. 搅拌速率及其改变点对高抗冲聚苯乙烯相转变的影响. 化工学报, 68(2): 788-794.
梁成锋, 朱结东, 舒纪恩, 等. 2007. 一种基于连续本体法的消光注塑级 ABS 聚合物制备方法. ZL200710099317.5.
刘彦昌. 2001. 淤浆法聚乙烯低聚物的研究. 合成树脂及塑料, 18 (2): 29-31.
陆书来. 2000. 搅拌对丁苯吡乳液聚合的影响. 弹性体, 10(1): 4-9.
陆书来, 罗丽宏, 何琳, 等. 2003. ABS 树脂的技术概况和发展趋势. 化工科技, 11(5): 55-59.
吕伟其. 2014. 降低滤液中丙烯腈损耗的研究. 现代纺织技术, (5): 35-38.
欧盟委员会联合研究中心. 2016. 聚合物生产工业污染综合防治最佳可行技术. 周岳溪, 宋玉栋, 伏小勇, 等, 译. 北京: 化学工业出版社.
潘新明, 刘发强, 管位农, 等. 2003. ABS 装置 EBR 聚合釜和接枝釜工艺废水处理技术研究. 石化技术与应用, 21(6): 408-411, 419.
任美红, 梁滔, 蒋华, 等. 2007. 连续本体法 ABS 树脂聚合技术研究. 石油化工应用, 27(2): 8-11.
宋守刚, 赵美玉. 2009. 10 万 t/a 乳聚丁苯橡胶工艺技术改进及应用. 现代化工, 29(11): 61-64.
苏宏, 柏承志, 黄江丽, 等. 2000. ABS 废水处理方法的研究. 吉林化工学院学报, 17(2): 45-49.
孙士昌. 2018. ABS 胶乳凝聚过程影响因素分析. 炼油与化工, 29(5): 30-32.
索延辉. 2015. ABS 树脂生产实践及应用. 北京: 中国石化出版社.
田超男, 李杰, 王亚娥, 等. 2013. 浅层气浮及其在水处理中的应用. 工业用水与废水, 44 (2): 33-35.

王慧, 文湘华, 刘广利, 等. 1999. 聚醚废水处理工艺研究. 中国环境科学, 19(3): 273-276.

王金鹏. 1998. 干法腈纶装置聚合物净化与单体回收工艺改造意见. 合成纤维, 27(1): 45-48.

王磊. 2015. PVC 聚合过程防粘釜技术研究. 北京: 北京化工大学.

王轮, 周恩余. 2012. 丁苯橡胶凝聚釜搅拌器的优化改进. 化工装备技术, 33(6): 29-32.

王晓枫, 罗新华, 崔积山. 1996. 高效气浮法预处理腈纶污水. 黑龙江石油化工, (4): 37-39.

魏国峰, 张正春, 张坤, 等. 2011. 香兰素及其乙醛酸法合成工艺技术. 石油科技论坛, (6): 63-65.

吴亮, 仇鹏, 赵刚磊, 等. 2015. 硅丙乳液聚合过程稳定性影响研究. 涂料工业, 45(7): 68-71.

吴岩. 2009 . 用于高粘度流体的搅拌釜的模拟及优化. 无锡: 江南大学.

夏晨娇, 周宗远, 李汉雄, 等. 2016. 甲苯二异氰酸酯(TDI) 生产废水处理工程实例. 中国给水排水, 32(24): 104-107.

谢怀高. 2017. 埃格工艺处理氯丁橡胶生产废水的可行性研究. 长春: 吉林大学.

许伟, 朱耕宇, 黄志明, 等. 2002. ACR 胶乳凝聚过程的研究. 化学反应过程与工艺, 18(3): 260-264.

余维波, 黄斌, 陈晓阳. 2000. ABS 废水处理技术. 化工环保. 20(6): 25, 35, 45.

张静, 涂伟萍, 夏正斌. 2004. 交联型丙烯酸酯乳液聚合稳定性的研究. 合成材料老化与应用, 33(3): 9-12.

张平亮. 2008. 螺带式搅拌器传热性能参数的研究. 化工设备与管道, 45(5): 29-31.

张心亚, 蓝仁华, 陈焕钦. 2004. 含功能性单体的苯/丙乳液的聚合稳定性. 华南理工大学学报(自然科学版), 32(3): 15-19.

赵亚奇, 王成国, 朱波, 等. 2008. 丙烯腈水相沉淀聚合引发机理的研究. 材料工程, (3): 77-80.

周新华, 涂伟萍, 夏正斌. 2003. 有机硅-丙烯酸酯乳液聚合稳定性研究. 精细化工, 20(7): 434-436.

周岳溪, 宋玉栋, 蒋进元, 等. 2011. 工业废水有毒有机物全过程控制技术策略与实践. 环境工程技术学报. 1(1): 7-14.

朱涛, 王君明. 2004. ABS 装置废水处理工艺调优. 化工科技, 12(3): 37-39.

Massion J C. 2004. 腈纶生产工艺及应用. 陈国康, 沈新元, 林耀, 等, 译. 北京: 中国纺织出版社.

Chai S L, Robinson J, Mei F C. 2014. A review on application of flocculants in wastewater treatment. Process Safety and Environmental Protection Transactions, 92(6): 489-508.

Lai B, Zhou Y X, Qin H K, et al. 2012a. Pretreatment of wastewater from acrylonitrile-butadiene-styrene (ABS) resin manufacturing by internal microelectrolysis. Chemical Engineering Journal, 179: 1-7.

Lai B, Zhou Y X, Wang J L, et al. 2014. Passivation process and mechanism of packing particles in Fe^0/GAC system during the treatment of ABS resin wastewater. Environmental Technology, 25: 7777-7785.

Lai B, Zhou Y X, Yang P, et al. 2012c. Removal of $FePO_4$ and $Fe_3(PO_4)_2$ crystals on the surface of passive fillers in Fe^0/GAC reactor using the acclimated bacteria. Journal of Hazardous. Materials, 241-242: 241-251.

Lai B, Zhou Y X, Yang P. 2012b. Treatment of wastewater from acrylonitrile-butadiene-styrene (ABS) resin manufacturing by Fe^0/GAC-ABFB. Chemical Engineering Journal, (200-202): 10-17.

Myers D. 1999. Surfaces, Interfaces, and Colloids: Principles and Applications. 2nd Edition. Berlin: Wiley VCH Publishers.

Owen W F, Stuckey D C, Healy Jr J B, et al. 1979. Bioassay for monitoring biochemical methane potential and anaerobic toxicity. Water Research, 13(6): 485-492.

Zubitur M, Asua J M. 2001. Factors affecting kinetics and coagulum formation during the emulsion copolymerization of styrene/butyl acrylate. Polymer, 42(14): 5979-5985.